상대성의

특수이론과

일반이론

Über die spezielle und die allgemeine Relativitätstheorie
(Vieweg Verlag, Braunschweig, Deutschland, 1916)

Relativity: The Special and General Theory
(Translation, Henry Holt and Company, New York, 1920)

ⓒ Albert Einstein

Korean translation copyright ⓒ 2012 by Philmac Publishing Co.

이 책의 한국어판 저작권은 필맥이 소유합니다.
저작권법에 의하여 보호를 받는 저작물이므로 무단전제와 무단복제를 금합니다.

상대성의 특수이론과 일반이론

지은이 | 알베르트 아인슈타인
옮긴이 | 이주명

1판 1쇄 펴낸날 | 2012년 7월 10일
1판 5쇄 펴낸날 | 2024년 1월 30일

펴낸이 | 문나영

펴낸곳 | 필맥
출판신고 | 제 2021-000073호
주소 | 경기도 고양시 덕양구 중앙로 542, 910호
홈페이지 | www.philmac.co.kr
전화 | 031-972-4491 팩스 | 031-971-4492

ISBN 978-89-97751-02-0 (03420)

* 잘못된 책은 구입하신 서점에서 바꿔 드립니다.
* 값은 뒤표지에 있습니다.

상대성의 특수이론과 일반이론

알베르트 아인슈타인 지음 | 이주명 옮김

필맥

일러두기

이 책은 1916년에 독일에서 출판된 알베르트 아인슈타인(Albert Einstein)의 저서 *Über die spezielle und die allgemeine Relativitätstheorie*를 4년 뒤인 1920년에 영국 셰필드대학의 물리학연구소 소속 물리학자 로버트 로슨(Robert W. Lawson)이 영어로 번역해 영국과 미국에서 출판한 *Relativity: The Special and General Theory*를 우리말로 옮긴 것이다. 로슨의 영역본은 독일어 원서의 오류를 바로잡았고, 지은이인 아인슈타인으로부터 정식으로 인정받았다. 이 책의 내용 가운데 '부록 04 상대성의 일반이론에 따른 공간의 구조'는 1924년에, '부록 05 상대성과 공간 문제'는 1952년에 각각 로슨의 영역본 개정판과 제15판이 출판될 때 추가된 것이다. (옮긴이)

이 책은 일반적인 과학과 철학의 관점에서 상대성의 이론에 관심을 갖고 있지만 이론물리학의 수학적 장치는 깊이 있게 알지 못하는 독자들이 상대성의 이론에 대해 가능한 한 정확한 식견을 갖게 해주는 것을 목적으로 쓴 것이다. 이 책은 독자가 대학입학자격 시험을 칠 수 있는 정도의 교육 수준을 갖추었다고 전제한 가운데 씌어졌다. 또한 이 책은 얇은 책이긴 하지만 독자가 읽으려면 참을성과 의지력을 꽤 많이 갖고 있어야 한다.

 지은이는 중요한 생각들을 가장 간단하게, 읽고 이해하기가 가장 쉽게, 그리고 전체적으로 보아 그 생각들이 떠오른 순서와 맥락에 따라서 서술하려고 노력하는 데서 그 어떤 고통도 피하지 않았다. 나로서는 전달하려는 내용을 명확하게 전달하기 위해서는 서술에서 멋을 부리는 데는 조금도 신경 쓰지 않고 이미 서술한 것도 필요하면 반복해 서술하지 않을 도리가 없다고 생각했다. 나는 뛰어난 이론물리학자인 L. 볼츠만[1]의 가르침을

---

1 (역주) 루트비히 에두아르트 볼츠만 (Ludwig Eduard Boltzmann, 1844~1906). 오스트리아의 물리학자.

성실하게 지켰다. 그에 따르면 멋을 부리는 문제는 양복이나 구두를 만드는 사람에게 맡겨둬야 한다는 것이다.

나는 이 책의 주제에 내재된 난점을 독자가 맞닥뜨리지 않게끔 서술하는 체하지 않겠다. 다른 한편으로 나는 이론의 실증물리학적 토대를 일부러 '계모'와 같은 태도로 다루었다. 이렇게 한 것은 물리학에 익숙하지 않은 독자가 나무만 보고 숲은 보지 못하면서 방황하는 처지가 된 것처럼 스스로를 느끼지 않게 하기 위해서다. 이 책이 누군가에게 영감을 불러일으키는 사색을 다만 몇 시간만이라도 할 기회를 주게 되기를 바란다!

1916년 12월
알베르트 아인슈타인

15판에
붙이는
메모

이 판에서 나는 '일반적인 공간의 문제'와 '상대성 이론의 관점으로부터 영향을 받은 결과로 공간에 대한 우리의 관념이 점진적으로 수정되는 것'에 대한 나의 견해를 제시하는 글을 다섯 번째 부록으로 추가했다. 나는 공간-시간이 반드시 물리적 실체를 가진 실제 사물과 무관한 별개의 존재로 인정할 수 있는 것이어야 하는 것은 아님을 보이고자 했다. 물리적 사물은 공간 속에 있는 것이 아니라 공간적으로 펼쳐져 있다. 이런 식으로 보면 '빈 공간'이라는 개념은 그 의미를 잃는다.

1952년 6월 9일
알베르트 아인슈타인

차례

머리말 ··· 5

1부 상대성의 특수이론
01 기하학 명제의 물리적 의미 ··· 13
02 좌표계 ·· 17
03 고전역학의 공간과 시간 ·· 21
04 갈릴레이 좌표계 ·· 24
05 상대성의 원리 (제한된 의미의) ·· 26
06 고전역학에서 채택된 속도 합산의 정리 ···································· 30
07 빛 전파의 법칙과 상대성 원리의 겉보기 양립불가능성 ········ 32
08 물리학의 시간 개념에 대해 ·· 36
09 동시성의 상대성 ·· 40
10 거리 개념의 상대성에 대해 ·· 44
11 로렌츠 변환 ·· 46
12 운동 중인 잣대와 시계의 동태 ·· 52
13 속도 합산의 정리와 피조의 실험 ·· 55
14 발견을 돕는 상대성 이론의 가치 ·· 59
15 상대성 이론의 일반적인 결과들 ·· 61
16 경험과 상대성의 특수이론 ·· 66
17 민코프스키의 4차원 공간 ·· 72

2부 상대성의 일반이론
18 상대성의 특수원리와 일반원리 ·· 79

19 중력장 ········· 83
20 상대성의 일반적 공리를 뒷받침하는 관성질량과 중력질량의 동등성 87
21 고전역학과 상대성 특수이론의 토대는 어떤 측면에서 만족스럽지 못한가? ········· 92
22 상대성의 일반원리에서 추리되는 몇 가지 결론 ········· 95
23 회전하는 기준체 위에서 시계와 잣대가 보이는 동태 ········· 100
24 유클리드 연속체와 비유클리드 연속체 ········· 104
25 가우스 좌표 ········· 108
26 유클리드 연속체로 본 상대성특수이론의 공간–시간 연속체 ········· 113
27 상대성 일반이론의 공간–시간 연속체는 유클리드 연속체가 아니다 ········· 115
28 상대성 일반원리의 정확한 공식화 ········· 119
29 상대성 일반원리에 근거한 중력 문제에 대한 해법 ········· 122

3부 우주 전체에 대한 고찰

30 뉴턴 이론의 우주론상 난점 ········· 129
31 '유한'하지만 '경계가 없는' 우주의 가능성 ········· 132
32 상대성의 일반이론에 따른 공간의 구조 ········· 138

부록

01 로렌츠 변환의 간단한 도출 (11절에 대한 보충) ········· 143
02 민코프스키의 4차원 공간 ('세계') (17절에 대한 보충) ········· 151
03 상대성의 일반원리에 대한 실험적 검증 ········· 153
04 상대성의 일반이론에 따른 공간의 구조 (32절에 대한 보충) ········· 164
05 상대성과 공간 문제 ········· 167

아인슈타인의 생애 ········· 191

1부
상대성의 특수이론

01 기하학 명제의 물리적 의미

이 책을 읽는 독자는 대부분 숭고한 건물과도 같은 유클리드의 기하학을 접했을 것이고, 열심히 가르치는 선생님들에게 쫓겨 그 웅장한 건물의 높다란 층계를 올라갔을 것이며, 애정보다는 존경의 마음으로 그 건물을 기억할 것이다. 우리의 과거 경험 때문에 만약 누군가가 기하학이라는 학문의 명제들 가운데 가장 특이한 명제에 대해서라도 그것이 참이 아니라는 말을 한다면 그가 누구든 당신은 경멸의 눈으로 그를 바라볼 것이 틀림없다. 그러나 만약 누군가가 당신에게 "그렇다면 그런 명제가 참이라는 주장을 할 때 그 의미는 무엇인가?"라고 묻는다면 당신의 그와 같은 자긍심은 아마도 그 즉시 사라져버릴 것이다. 이 질문에 대해 이제부터 다소의 고찰을 해보자.

  기하학은 △ 우리가 구체적인 정도에는 차이가 있을 수 있지만 어쨌든 구체적인 어떤 관념과 연결시킬 수 있는 '면', '점', '직선'과 같은 특정한 개념들과 △ 그런 구체적인 관념 때문에 우리가 '참'으로 받아들이는 경향이 있는 특정한 단순한 명제(공리)들에서 출발한다. 그런 다음에 우리 스스로가 그 정당성을 받아들여야 한다고 느끼는 논리적 과정을 토대로 해서 그 밖의 다른 모든 명제가 바로 그 공리들로부터 도출됨이 설명되며, 그러고 나면 그 모든 명제가 다 증명된 것이 된다. 이렇게 해서 어떤 하나의 명제가 기존의 인정된 방식에 의해 공리들로부터 도출되면 그 명제는 옳은 것('참')이다. 따라서 기하학의 명제 하나하나가 '참'이냐는 문제는 공리들이 '참'이냐는 문제로 환원된다. 그런데 공리들이 '참'이냐는 문제는 기하학의 방법으로는 그 답을 찾을 수 없는 것일 뿐만 아니라 그 자체로는 아무런 의미도 없는 것이라는 사실을 우리는 이미 오래 전부터 알고 있다. 우리는 두 개의 점을 지나는 직선은 하나뿐이라는 명제가 참인지의 여부를 물을 수 없다. 우리는 단지 유클리드의 기하학이 '직선'이라고 불리는 것을 다루는데 각각의 직선은 그 위에 있는 두 개의 점에 의해 유일하게 결정된다는 속성을 부여받아 갖고 있다고만 말할 수 있을 뿐이다.

'참'이라는 개념은 순수한 기하학이 주장하는 것들에는 들어맞지 않는다. 왜냐하면 우리는 '참'이라는 낱말을 가지고 궁극적으로는 '실제'의 사물에 대응하는 것을 가리키는 습관에 젖어 있지만 기하학은 그 자신을 구성하는 관념들이 경험의 대상인 사물과 어떤 관계를 갖고 있는가에는 관심이 없고 오로지 그러한 관념들 자체의 상호간 논리적 관련성에만 관심이 있기 때문이다.

그럼에도 불구하고 우리는 기하학의 명제들을 '참'이라고 불러주지 않으면 안 된다고 느낀다. 우리가 이렇게 느끼는 이유를 이해하기는 어렵지 않다. 기하학적 관념은 자연 속의 사물에 어느 정도 정확하게 대응하며, 자연 속의 사물이 기하학적 관념을 생성시킨 배타적인 원인인 것이 틀림없다. 그러나 기하학의 구조가 가능한 한 폭넓은 논리적 통일성을 갖기 위해서는 기하학이 그와 같은 과정을 밟기를 삼가야 한다. 예를 들어 '거리'라고 하면 사실상 강체(剛體)인 것 위에 표시된 위치 두 곳을 떠올리는 습관이 우리의 사고 속에 깊이 뿌리를 내리고 있다. 더 나아가 관찰하는 장소를 적절히 선택하여 그 장소에서 한 눈으로만 바라볼 때 점 세 개의 위치가 일치하는 것으로 보이면 그 세 개의 점이 하나의 직선 위에 있다고 생각하는 데 우리는 익숙하다.

만약 우리의 사고습관에 따라 유클리드 기하학에 또 하나의 명제, 즉 사실상 강체인 사물 위의 점 두 개는 우리가 그 사물을 두는 위치에 일어나는 그 어떤 변화와도 무관하게 언제나 동일한 거리(선간격)에 대응한다는 명제를 보충해 넣는다면 유클리드 기하학의 모든 명제는 사실상 강체인 사물이 가질 수 있는 상대적 위치에 관한 명제가 돼버리고 만다.[2] 따라서 이런 식으로 보충된 기하학은 물리학의 한 분과로 간주돼야 할 것이다.

그렇다면 우리는 그런 식으로 해석된 기하학 명제들이 '참' 인지의 여부를 물어봐도 된다. 왜냐하면 우리가 기하학적 관념들과 연관시킨 실제의 사물들에 대해 그러한 기하학 명제들이 타당하게 성립하는지의 여부를 우리가 묻는 것이 이제는 정당화되기 때문이다. 정확성이 다소 떨어지는 표현이기는 하지만 다음과 같이 돌려 말할 수도 있겠다. 위와 같은 의미에서 어떤 기하학 명제가 '참' 이라고 한다면 우리는 자와 컴퍼스를 가지고 그린 그림에 대해 그 기하학 명제가 타당하다는 뜻으로 '참' 이라고 말할 수 있다고 이해하면 된다.

물론 이런 의미에서 기하학 명제가 '참' 이라는 확신은 다소 불완전한 경험에 전적으로 근거를 둔 것이다. 우리는 지금부터 당분간은 기하학 명제

---

[2] 이로부터 자연의 사물은 직선과도 연관된다는 결론도 나온다. 따라서 강체 위의 세 점 A, B, C 가운데 A와 C의 위치가 주어지고 거리 AB와 거리 BC의 합이 가능한 한 작게 되도록 B의 위치가 정해졌다면 세 점 A, B, C는 하나의 직선 위에 있게 된다. 현재 우리의 목적에는 이런 정도의 불완전한 예시만으로도 충분할 것이다.

가 '참'이라고 가정할 것이다. 그러나 나중의 단계(상대성의 일반이론)에 가서는 우리가 이런 '참'에 제한이 있음을 확인하고 그 제한의 정도를 검토하게 될 것이다.

02 좌표계

앞에서 말한 거리에 대한 물리적 해석을 토대로 삼으면 측정을 통해 강체 위에 있는 두 점 사이의 거리를 확인하는 것도 가능해진다. 이런 목적을 위해서는 이번에만 기준잣대로 사용할 하나의 '거리' (잣대 S)가 필요하다. 이제 A와 B가 강체 위의 두 점이라고 하면 우리는 기하학의 규칙에 따라 그 두 점을 연결하는 선을 그을 수 있다. 그런 다음에 우리는 A에서 시작해 거리 S를 연거푸 표시할 수 있다. B에 도착할 때까지 이런 일을 되풀이해야 하는 횟수가 거리 AB를 수치화한 측정값이다. 이것이 길이에 대한 모든 측정의 기초다.[3]

어떤 사건이 일어나는 장소나 공간 속에 있는 어떤 사물의 위치에 대한 서술은 모두 그 사건이나 사물과 일치하는 점을 강체(기준체) 위에 지정하는 것에 토대를 둔다. 이는 과학적인 서술에서만 그런 것이 아니라 일상생

---

[3] 여기서 우리는 우수리가 남지 않는다고, 다시 말해 측정값이 정수라고 가정했다. 이와 관련된 난점은 잣대를 여러 개로 쪼개어 사용하면 극복할 수 있다. 이렇게 한다고 해서 근본적으로 새로운 방법이 요구되는 것은 아니다.

활에서도 그렇다. 내가 만약 '베를린의 포츠담 광장'이라는 장소지정을 분석한다면 다음과 같은 결과를 얻게 될 것이다. 지구가 그러한 장소지정에 기준이 되는 강체이며, '베를린의 포츠담 광장'은 하나의 잘 정의된 점으로서 거기에 이름이 부여됐고 사건은 그 점과 공간 속에서 일치한다.[4]

이런 원초적인 장소지정 방법은 강체의 표면에 있는 장소만을 다루며, 그 표면에 서로 구분되는 점들이 존재함에 의존한다. 그러나 우리가 하는 위치지정의 성질을 변경시키지 않으면서도 우리는 방금 지적한 두 가지 제한 모두에서 벗어날 수 있다. 예를 들어 포츠담 광장의 상공에 한 조각의 구름이 떠 있다면 우리는 포츠담 광장에서 장대를 수직으로 세워 그 끝이 구름에 가 닿게 하는 것을 통해 지구의 표면에 대한 그 구름의 상대적인 위치를 잡을 수 있다. 기준잣대로 장대의 길이를 측정한 값과 장대의 발 위치를 지정한 값을 결합하면 우리는 하나의 완전한 장소지정 결과를 얻게 된다. 이러한 예시를 토대로 삼고 보면 우리는 위치라는 개념이 정교하게 발전돼온 방식을 알 수 있다.

(a) 장소지정의 기준이 되는 강체를 머릿속에 그리고, 우리가 그 위치를 알아야 하는 사물에 가 닿는 또 하나의 강체를 덧붙여 그것을 보완한다.
(b) 사물의 위치를 잡을 때에는 지정된 기준점들을 이용하지 않고 수(여기서는 잣대로 측정한 장대의 길이)를 이용한다.
(c) 구름에 가 닿는 장대를 세우지 않더라도 우리는 구름의 높이를 말할 수

---

[4] 여기서 '공간 속에서 일치한다'는 표현의 의미를 더 깊이 탐구할 필요는 없다. 이 개념은 실제로 그것을 적용하는 것과 관련해 의견의 차이가 생겨날 가능성이 거의 없음을 보장하기에 충분할 정도로 자명하다.

있다. 지면의 상이한 여러 위치에서 눈으로 구름을 관찰하고 빛의 전파가 갖고 있는 성질을 고려하면 우리는 구름에 가 닿는 장대를 세운다면 그 길이가 얼마나 되는지를 알아낼 수 있다.

이렇게 생각해볼 때 위치에 대한 서술에서 우리가 수로 표현된 측정값을 이용함으로써 기준강체 위에 표시된 위치(이름을 갖고 있는)들의 존재에는 신경을 쓰지 않아도 된다면 편리하리라는 것을 알 수 있다. 측정의 물리학에서는 이러한 편리함이 데카르트 좌표계의 적용에 의해 얻어진다.

데카르트 좌표계는 서로 수직이 되게 강체에 고착된 세 개의 평면으로 구성된다. 어느 하나의 좌표계를 기준으로 하면 어떤 사건이든 그 사건이 일어나는 장소는 거기서 세 개의 평면에 각각 수직으로 내려뜨린 선의 길이를 좌표 (x, y, z)로 지정하는 것에 의해 (대부분의 경우) 결정될 것이다. 이때 각 평면에 내려뜨린 수직선의 길이는 유클리드 기하학이 수립한 규칙과 방법에 따라 강체인 자막대로 재는 작업을 거듭하는 것에 의해 결정될 수 있다.

실제로는 좌표계를 구성할 강체의 표면을 확보할 수 없는 경우가 일반적인데다가 좌표를 이루는 수의 크기가 강체인 자막대를 이용하는 방법으로 결정되는 것이 아니라 간접적인 방법으로 결정된다. 물리학과 천문학의 결과들이 명확성을 유지하게 하려면 위치지정의 물리적 의미를 언제나 위와 같은 고찰에 부합하는 방향에서 찾아야 한다.[5]

이리하여 우리는 다음과 같은 결과를 얻게 된다. 공간 속의 사건에 대한

---

[5] 이 책의 2부에 가서 상대성의 일반이론을 다루게 되기 전에는 우리가 이런 견해를 정교화하거나 수정해야 할 필요가 없다.

서술은 모두 그 사건에 기준이 되는 강체를 이용해서 한다. 그 결과로 드러나는 관계에서는 유클리드 기하학의 법칙이 '거리'에 대해 타당하게 성립하는 것이 당연시된다. 여기서 '거리'는 강체 위에 표시된 두 점이라는 습관적인 관념에 의해 물리적으로 표현된다.

03 고전역학의 공간과 시간

"역학의 목적은 공간 속에서 물체가 차지하는 위치가 시간에 따라 어떻게 변하는지를 묘사하는 것이다." 내가 진지한 고찰과 상세한 설명도 없이 역학의 목적을 이렇게 공식화한 것이라면 명쾌함을 추구해야 한다는 신성한 정신을 거스르는 중죄를 저지르고 있다는 죄의식이 내 양심을 무겁게 짓눌렀을 것이다. 방금 말한 중죄가 어떤 것인지를 꺼내놓고 이야기해보자.

여기서 '위치'와 '공간'이라는 말이 무슨 의미로 이해돼야 하는지가 분명하지 않다. 내가 일정한 속도로 달리는 기차 안의 창가에 서서 돌 하나를 손에 들고 창밖으로 내밀어 그것을 던지지 않고 그냥 철로를 받치고 있는 둑 위로 떨어뜨린다고 하자. 공기저항의 영향을 무시한다면 나는 그 돌이 직선을 그리며 떨어지는 것을 보게 될 것이다. 그러나 인도를 걸어가다가 나의 그러한 장난질을 바라보는 사람은 돌이 포물선을 그리며 땅에 떨어지는 것을 보게 된다. 이제 내가 묻겠다. 돌이 거쳐 간 '위치들'이 '실제로'는 직선 위에 있는가, 아니면 포물선 위에 있는가? 더 나아가 여기서 돌이 '공간 속' 운동을 한 것이라면 그 말은 무슨 의미인가? 앞의 절에서 고찰한 결과에 입각해 생각해본다면 해답은 자명하다. 무엇보다 먼저 우리는 공간에 대해서는 최소한의 개념도 수립할 수 없음을 솔직하게 인정하고 '공간'이라는 모호한 낱말을 사용하기를 완전히 피해야 한다. 우리는 '공간'이라는 표현 대신에 '사실상 강체인 기준체에 대한 상대적 운동'이라는 표현을 사용해야 한다. 기준체(기차 또는 둑)에 대한 상대적 위치에 대해서는 이미 앞의 절에서 자세하게 정의했다. '기준체'라는 말 대신 수학적 서술에 유용한 개념인 '좌표계'라는 말을 집어넣으면 우리는 이렇게 말할 수 있게 된다. 기차에 굳게 부착된 좌표계를 기준으로 해서 보면 돌이 직선을 그리지만, 땅(둑)에 굳게 부착된 좌표계를 기준으로 해서 보면 돌이 포물선을 그린다. 이 사례의 도움을 받으면 독립적으로 존재하는 궤적(즉 '경로곡선'[6])과 같은 것은 없으며, 단지 특정한 기준체를 기준으로 한 궤적만 존재한다는 것을 분명하게 알 수 있다.

　물체의 운동을 완전하게 설명하기 위해서는 시간에 따라 물체의 위치가 어떻게 변하는지를 분명히 밝혀야 한다. 다시 말해 궤적 위의 모든 점에 대해 물체가 어느 시간에 거기에 있게 되는지가 진술돼야 한다. 이런 데이터는 시간에 대한 정의에 의해 보완돼야 하는데, 그 정의는 바로 그것 덕분에 시간값들이 기본적으로 관찰이 가능한 크기(측정의 결과)로 간주될 수 있게 되는 것이어야 한다. 우리가 만약 고전역학을 토대로 삼아 그 위에 서 있다면 이런 설명이 요구하는 조건은 다음과 같은 방식으로 충족시킬 수 있다. 똑같은 구조로 만들어진 두 개의 시계를 상상해보자. 그 가운데 하나는 기차 안의 창가에 서 있는 사람이 갖고 있고, 다른 하나는 인도를 걸어가는 사람이 갖고 있다. 두 사람 다 자기가 손에 들고 있는 시계가 째깍거릴 때마다 자기의 기준체를 기준으로 돌이 차지하는 위치를 측정한다. 이

---

[6] 다시 말해 물체가 어떤 곡선을 따라 운동한다고 볼 때 그 곡선.

런 상상을 하면서 우리는 빛이 전파되는 속도가 유한하기 때문에 발생하는 측정의 부정확함은 고려하지 않았다. 이 난점과 이런 경우에 부닥치게 되는 또 하나의 난점에 대해서는 나중에 자세하게 다룰 것이다.

04 갈릴레이 좌표계

관성의 법칙이라는 이름으로 우리가 알고 있는 갈릴레이-뉴턴 역학의 기본법칙은 다음과 같이 진술될 수 있다.

다른 물체들로부터 충분히 멀리 떨어져 있는 물체는 계속해서 정지 상태에 있거나 계속해서 직선을 그리며 동일한 속도로 운동한다. 이 법칙은 물체의 운동에 대해 뭔가 말해주는 바가 있을 뿐만 아니라 역학에서 허용되는, 즉 역학적 서술에서 사용해도 되는 기준체 또는 좌표계가 어떤 것인지를 암시해준다.

우리가 눈으로 볼 수 있는 항성은 높은 근사도의 수준에서 관성의 법칙이 분명하게 들어맞는 물체다. 그런데 만약 우리가 지구에 굳게 부착된 좌표계를 사용한다면 그 좌표계를 기준으로 볼 때 항성은 모두 천문일(天文日)로 측정한 하루가 지나는 동안에 거대한 반지름을 가진 원을 그리게 된다. 이는 앞에서 진술된 관성의 법칙에 어긋나는 결과다. 따라서 우리가 관성의 법칙을 고수하려면 항성이 원을 그리는 운동을 하지 않는 것으로 보이게 하는 좌표계를 기준으로 삼아야 한다.

어떤 좌표계에서 운동의 상태가 그 좌표계를 기준으로 해서 볼 때 관성의 법칙에 어긋나지 않을 경우에 그 좌표계를 '갈릴레이 좌표계'라고 부른다. 갈릴레이-뉴턴 역학의 법칙은 갈릴레이 좌표계에서만 타당하게 성립하는 것으로 간주될 수 있다.

05 상대성의 원리(제한된 의미의)

명료함을 가능한 한 최대로 달성하기 위해 균일한 속도로 달린다고 가정한 기차의 예로 돌아가자. 우리는 그 기차의 운동을 등속병진(等速竝進) 운동이라고 부른다('등속'이라고 하는 것은 그 운동의 속도와 방향에 변화가 없기 때문이고, '병진'이라고 하는 것은 둑을 기준으로 해서 볼 때 기차의 위치는 변하지만 그러는 동안에 기차가 회전하지는 않기 때문이다). 공중으로 날아가는 한 마리의 까마귀를 상상해보자. 둑 위에 서서 관찰할 때 그 까마귀는 직선을 그리며 등속으로 날아가는 방식의 운동을 한다. 만약 우리가 달리는 기차 속에서 창문 밖을 내다보며 날아가는 까마귀를 관찰한다면 둑 위에 서서 관찰할 때와는 다른 속도와 방향으로 그 까마귀가 날아가는 것으로 보이겠지만, 그렇더라도 그 까마귀가 직선을 그리며 등속으로 운동하는 것으로 보이기는 마찬가지일 것이다. 추상적으로 표현하면 이렇게 말할 수 있다. 질량 m이 좌표계 K에 대해 등속직선 운동을 한다면 K에 대해 등속병진 운동을 하는 또 다른 좌표계 K'에 대해서도 m은 등속직선 운동을 한다. 앞의 절에서 전개한 논의에 따르면 이로부터 다음과 같은 결론이 도출된다.

K가 갈릴레이 좌표계라면 K에 대해 등속병진 운동을 하는 상태에 있는 다른 좌표계 K'도 모두 갈릴레이 좌표계다. 갈릴레이-뉴턴 역학의 법칙은 K에 대해 성립하는 것과 똑같이 K'에 대해서도 성립한다.

여기서 일반화를 한 걸음 더 진전시킨다면 위의 원리를 다음과 같이 표현할 수 있다.

좌표계 K에 대해 K'가 회전은 하지 않으면서 등속운동을 하는 좌표계라면 자연현상은 K를 기준으로 한 일반법칙과 똑같은 일반법칙에 따라 K'에 대해 일어나고 진행된다.

이 진술을 상대성의 원리(제한된 의미의)라고 한다.

'고전역학의 도움을 받으면 모든 자연현상을 표현할 수 있다' 고 확신하는 동안에는 이러한 상대성의 원리가 타당하게 성립한다는 데 대해 의심할 필요가 없었다. 그러나 최근에 전기역학과 광학이 이룬 발전으로 인해 고전역학이 모든 자연현상에 대한 물리적 서술의 토대로서 불충분하다는 사실이 점점 더 분명해지고 있다. 이제는 상대성의 원리가 타당한가 하는 문제가 논의될 때가 됐으며, 이 문제에 대해 부정적인 해답이 나오는 것이 불가능해 보이지 않게 됐다.

그렇지만 애초부터 상대성 원리의 타당성을 강력하게 뒷받침하는 일반적인 사실 두 가지가 있다. 고전역학이 모든 자연현상을 이론적으로 표현하는 데 필요한 충분히 폭넓은 토대를 우리에게 제공해주지는 못한다고 하더라도 우리는 고전역학이 상당한 정도의 '참'을 내포하고 있음을 인정해야 한다. 왜냐하면 고전역학은 거의 놀랍다고 해야 할 정도로 정교하게 천체의 실제 운동을 우리에게 설명해주기 때문이다. 그래서 상대성의 원리가 역학의 영역에서 매우 정확하게 들어맞는 것이 틀림없다. 그런데 그처럼 폭넓은 일반성을 지닌 원리가 현상의 한 영역에서는 그토록 정확하게 성립하면서 현상의 다른 영역에서는 타당성을 잃는다는 것은 선험적으로 판단할 때 그 가능성이 매우 낮다.

이제는 두 번째 논증으로 넘어가자. 이 두 번째 논증은 나중에도 다시 살펴보겠지만, 여기서 일단 소개하겠다. 상대성의 원리(제한된 의미의)가 성립하지 않는다면 서로에 대해 등속운동을 하는 갈릴레이 좌표계 K, K', K'' 등이 자연현상을 묘사하는 데서 동등하지 않게 된다. 이런 경우에 우리는 자연법칙이 어떤 특별히 간단한 방식으로 공식화될 수 있다고 믿어야 한다고 느끼게 된다. 이는 물론 모든 가능한 갈릴레이 좌표계 가운데 어떤 특정한 운동상태에 있는 좌표계(K_0)를 우리의 기준체로 이미 선택했음을 조건으로 해서만 그렇다. 그러면 바로 그 좌표계는 '절대적 정지'의 상태에 있고 다른 모든 갈릴레이 좌표계는 '운동 중'에 있다고 말하는 것이 정당화될 것이다(왜냐하면 그렇게 하는 것이 자연현상을 묘사하는 데서 장점이 있기 때문이다).

예를 들어 설명한다면, 앞에서 든 예에서 둑이 좌표계 K_0라면 기차는 좌표계 K가 될 것이고, 이 K를 기준으로 해서 성립하는 법칙은 K_0를 기준으로 하는 경우에 비해 덜 간단할 것이다. 이렇게 덜 간단해지는 것은 기차 K가 둑 K_0에 대해 운동 중('실제로' 운동 중)에 있게 된다는 사실에서 기인한다. K를 기준으로 공식화된 일반적 자연법칙에서는 기차가 운동하는 속도의 크기와 방향이 반드시 어떤 역할을 하게 될 것이다. 예를 들어 기차가 운동하는 방향과 나란히 파이프 축을 놓은 파이프 오르간이 내는 소리는 그 방향에 수직이 되게 파이프 축을 놓은 파이프 오르간이 내는 소리와 다를 것이라고 예상해야 한다.

그런데 우리의 지구는 태양을 중심으로 하는 공전궤도를 따라 운동한다는 측면에서 초당 30km가량의 속도로 달리는 기차에 비유할 수 있다. 따라서 상대성의 원리가 타당하지 않다면 매 순간 지구 운동의 방향은 자연법칙에 포함될 것이며, 물리계(物理系, physical system)들은 그 동태(動態)의 측면에서 지구를 기준으로 한 공간 속 방향에 의존하리라고 예상해야 할 것이다. 지구는 공전속도가 1년이 지나는 동안에 계속 변하는 방향으로 측정되기 때문에 1년 전체에 걸쳐 가설적인 좌표계 K_0를 기준으로 정지 상태에 있을 수 없다. 그러나 지구상의 물리적 공간에서는 최대로 주의 깊게 관찰해도 그러한 비등방성(非等方性), 즉 상이한 방향들 사이의 물리적 비동등성이 결코 드러나지 않는다. 이는 상대성의 원리를 뒷받침하는 매우 강력한 논증이다.

06 고전역학에서 채택된 속도 합산의 정리

우리의 친구인 기차가 일정한 속도 v로 철로 위를 달리고, 그 기차에 탄 사람이 기차가 달리는 방향으로 기차의 한쪽 끝에서 다른 쪽 끝까지 속도 w로 걸어간다고 가정하자. 그렇다면 그 과정에서 둑을 기준으로 할 때 그 사람은 얼마나 빨리, 달리 말하면 어떤 속도 W로 전진하는 것일까? 이 질문에 대한 유일하게 가능한 대답은 다음과 같은 생각의 결과로 얻어질 것으로 보인다.

그 사람이 1초 동안 걷기를 멈추고 가만히 서 있으면 둑을 기준으로 할 때 기차의 속도와 숫자상 똑같은 v만큼의 거리를 전진하게 될 것이다. 그러나 그가 걸어가기 때문에 그 결과로 그는 기차를 기준으로 w만큼의 거리를 더 전진하게 되고, 따라서 둑을 기준으로 해도 그 1초 동안에 그가 더 전진하는 거리 w는 그가 걸어가는 속도와 숫자상 똑같을 것이다. 그러므로 그는 우리가 고려하는 1초 동안에 둑을 기준으로 총 $W=v+w$만큼의 거리를 전진하게 된다.

고전역학에서 채택된 속도합산의 정리를 표현해주는 이런 결과는 유지될 수 없음을, 다시 말해 방금 서술된 법칙은 현실에서는 성립하지 않음을 우리는 나중에 살펴볼 것이다. 그러나 당분간은 그 법칙이 옳다고 가정하겠다.

07 빛 전파의 법칙과
상대성 원리의 겉보기 양립불가능성

빈 공간 속에서 빛이 전파되는 것과 관련된 법칙보다 더 간단한 물리학의 법칙은 찾기 어렵다. 이런 빛의 전파는 직선으로 $c=300,000km/sec$(초)의 속도로 일어난다는 것은 학교에 다니는 아이들도 모두 알거나 안다고 생각한다.

어쨌든 우리는 이런 빛의 전파속도는 모든 색에 대해 똑같다고 알고 있고, 이와 같은 우리의 지식은 대단히 정확한 것이다. 그렇지 않다면 어떤 항성이 인접한 다른 별에 의해 가려지는 식(蝕)이 진행되는 동안에 상이한 색들에 대해 빛의 최소방출이 동시에 관찰되지 않을 것이다. 네덜란드의 천문학자인 데 시터르[7]도 이중성(二重星)에 대한 관찰을 토대로 이와 비슷한 고찰을 하는 것을 통해 빛의 전파속도가 빛을 방출하는 물체의 운동속도에 의존할 리가 없음을 증명할 수 있었다. 빛의 전파속도가 '공간 속'에서의 방향에 의존한다는 가정은 그 자체로 성립될 수 없다.

---

[7] (역주) 빌렘 데 시터르(Willem de Sitter). 1872~1934. 네덜란드의 수학자, 물리학자, 천문학자.

간단히 말해 '빛의 속도 c는 일정하다' (진공 속에서)는 간단한 법칙은 학교를 다니는 어린아이도 당연히 믿어도 된다고 가정하자. 그런데 이런 간단한 법칙이 성실하고 깊이 있게 생각하는 물리학자를 커다란 지적 난관에 부닥치게 했으리라고 누가 상상하겠는가? 그 난관이 어떻게 해서 생겨나게 됐는지를 살펴보자.

물론 우리는 어떤 강체인 기준체(좌표계)를 기준으로 해서 빛이 전파되는 과정을(그리고 사실은 다른 모든 과정도) 고찰해야 한다. 그러한 기준체로 또 다시 철로를 받치고 있는 둑을 선택하자. 둑 위의 공기는 제거됐다고 상상하자. 그 둑과 나란하게 한 줄기 광선이 쏘아졌다면 그 광선의 앞쪽 끝이 둑을 기준으로 속도 c로 전파될 것임을 우리는 위의 논의로부터 알 수 있다. 이제는 우리가 앞에서 이야기한 기차가 속도 v로 철로 위를 달린다고 가정하자. 그 기차가 달리는 방향은 빛이 전파되는 방향과 같지만 그 속도는 물론 빛의 속도보다 훨씬 느리다. 이때 기차를 기준으로 할 때 광선이 전파되는 속도에 대해 탐구해보자. 앞의 절에서 고찰한 것을 우리가 여기서 이용할 수 있는 것이 분명하다. 왜냐하면 앞의 절에서 기차를 기준으로 걸어서 전진하는 사람의 역할을 여기서는 광선이 하는 셈이기 때문이다. 둑을 기준으로 한 그 사람의 속도 W는 여기서는 둑을 기준으로 한 빛의 속도로 대체돼야 하고, 이에 따라 기차를 기준으로 한 빛의 속도를 w라고 표기하면 우리는 다음 식을 얻는다.

$$w = c - v$$

따라서 기차를 기준으로 한 광선의 전파속도는 c보다 작게 된다.

그러나 이 결과는 5절에서 설명한 상대성의 원리와 모순된다. 왜냐하면 상대성의 원리에 따르면 다른 모든 일반적 자연법칙과 마찬가지로 진공 속 빛 전파의 법칙도 철로가 기준체일 경우나 기차가 기준체일 경우나 마찬가지여야 하기 때문이다. 그런데 우리가 위에서 살펴본 바로는 그렇게 되기란 불가능해 보인다. 이 때문에 만약 모든 광선이 둑을 기준으로 속도 c로 전파된다면 기차를 기준으로 할 경우에 성립되는 또 하나의 빛 전파의 법칙이 있어야 할 것으로 여겨진다. 그런데 이는 상대성의 원리와 모순되는 결과다.

이런 딜레마를 고려하면 상대성의 원리를 포기하거나 진공 속 빛 전파의 법칙이라는 간단한 법칙을 포기하는 것밖에는 다른 도리가 전혀 없는 것으로 보인다. 앞의 논의를 주의 깊게 따라온 독자라면 우리가 상대성의 원리를 보존해야 한다고 생각할 것이 거의 확실하다. 왜냐하면 상대성의 원리는 매우 자연스럽고 간단해서 우리의 지적 사고에 대단히 설득력 있게 호소력을 발휘하기 때문이다. 그렇다면 진공 속 빛 전파의 법칙은 상대성의 원리에 부합하는 보다 복잡한 법칙으로 대체돼야 할 것이다. 그러나 이론물리학의 발달과정은 우리가 이런 경로로 나아갈 수 없음을 보여준다.

운동 중인 물체와 관련된 전기역학적, 광학적 현상에 대한 H. A. 로렌츠[8]의 획기적인 이론적 연구는 이런 영역에서의 경험이 전자기 현상의 이론으로 확실하게 귀결됨을 보여주는데, 진공 속에서 빛이 전파되는 속도가 일정하다는 법칙은 바로 그 전자기 현상에서 필연적으로 도출되는 결과다. 그래서 탁월한 이론물리학자들이 상대성의 원리와 모순되는 경험적 데이터가 발견되지 않았다는 사실에도 불구하고 상대성의 원리를 기각하는 쪽

---

[8] (역주) 헨드릭 안톤 로렌츠(Hendrik Antoon Lorentz), 1853~1928. 네덜란드의 물리학자. 1902년도 노벨물리학상 수상자.

으로 더 많이 기울어진 것이다.

  이 지점에서 상대성의 이론이 무대에 등장했다. 시간과 공간이라는 물리적 개념에 대한 분석의 결과로 현실에서는 상대성의 원리와 빛 전파의 법칙 사이에 양립불가능성이 조금도 없으며, 이 두 가지 법칙을 다 체계적으로 고수하는 것을 통해 논리적으로 견고한 이론에 도달할 수 있다는 것이 분명해졌다. 그 이론은 상대성의 특수이론이라고 불리게 됐는데, 이런 이름이 붙은 것은 우리가 나중에 다루게 될 그것의 확장된 이론과 구별하기 위해서다. 이제부터 상대성의 특수이론과 관련된 기본적인 관념들을 서술해보겠다.

08 물리학의 시간 개념에 대해

우리의 예에서 둑 위에 놓인 철로의 서로 멀리 떨어진 두 지점 A와 B에 각각 번개가 쳤다고 하자. 그리고 나는 그 두 개의 번개가 동시에 쳤다는 또 하나의 주장을 한다. 만약 내가 당신에게 이런 진술에 의미가 있느냐고 묻는다면 당신은 나의 질문에 "그렇다"고 확고하게 대답할 것이다. 그러나 만약 내가 당신에게 다가서서 그 진술의 의미를 보다 정확하게 설명해달라고 부탁하면 당신은 얼마간 생각해본 뒤에 그 질문에 대답하기가 처음에 받은 인상만큼 쉽지가 않다는 사실을 알게 될 것이다.

시간이 좀 더 지나면 다음과 같은 대답이 당신의 머릿속에 떠오를 것이다. "그 진술의 의미는 그 자체로 분명하며, 추가적인 설명이 필요하지 않다. 그러나 만약 실제로 그런 일이 일어나는 경우에 그 두 개의 사건이 동시에 일어났는지 그렇지 않은지를 관찰을 통해 판정하는 과제가 나에게 주어진다면 물론 생각을 좀 더 해봐야 할 것이다." 나는 이런 대답에 만족할 수 없는데, 그 이유는 다음과 같다. 어떤 유능한 기상학자가 영리한 고찰의 결과로 A와 B 두 지점에 언제나 동시에 번개가 치는 것이 틀림없음을 발견했다고 가정하면 우리는 그와 같은 이론적 결과가 실제의 현상에 부합하는

지의 여부를 검증해봐야 한다. 우리는 '동시성'이라는 개념이 끼어들어 어떤 역할을 하는 물리학적 진술에서는 언제나 이와 똑같은 난점에 부닥친다. 실제의 경우에 동시성이 실현되는지의 여부를 확인할 가능성이 확보되기 전에는 물리학자에게 동시성이라는 개념은 존재하지 않는다. 따라서 우리에게 동시성에 대한 어떤 정의가 필요하게 되는데, 그 정의는 지금 우리가 살펴보고 있는 예의 경우에 두 개의 번개가 동시에 치는지의 여부를 물리학자가 실험을 통해 판정할 수 있게 해주는 방법을 우리에게 제공해주는 것이어야 한다. 이런 요건이 충족되지 않았는데도 내가 동시성에 관한 진술에 어떤 의미를 부여할 수 있다고 생각한다면 나는 물리학자로서(물론 내가 물리학자가 아니더라도 마찬가지이지만) 내가 속임을 당하는 것을 나 스스로 방치한 꼴이 될 것이다(나는 독자에게 이 점을 완전히 납득하게 되기 전에는 앞으로 나아가지 말라고 말하고 싶다).

당신은 이 문제에 대해 얼마간 시간을 들여 생각해본 다음에 동시성을 검증하는 방법을 다음과 같이 제안할 수 있다. 철로를 따라 측정하는 방식으로 두 점을 잇는 선분 AB의 길이를 잰 다음에 거리 AB를 이등분하는 중간점 M에 관찰자로 하여금 서 있게 한다. 그 관찰자에게는 두 지점 A와 B를 동시에 눈으로 바라볼 수 있게 해주는 장치(즉 서로 90°의 각도를 이루도록 각각 비스듬히 세워놓을 수 있는 두 개의 거울)를 제공한다. 그 관찰자가 두 개의 번개를 동시에 보게 된다면 그 두 개의 번개는 동시에 친 것이다.

나는 이런 제안이 나오면 매우 기쁘겠지만, 그럼에도 불구하고 그것으로 우리의 문제가 완전히 해결된다고 생각할 수는 없다. 왜냐하면 나는 다음과 같은 이의를 제기하지 않을 수 없다고 느끼기 때문이다.

"M에 있는 관찰자가 번개를 감지하는 데 이용된 빛이 거리 $A \rightarrow M$을 이

동할 때의 속도가 거리 $B{\to}M$을 이동할 때의 속도와 똑같다는 것을 내가 안다면 오직 그런 경우에만 당신의 정의가 틀림없이 옳을 것이다. 그런데 우리가 시간을 측정하는 데 이용할 수단을 이미 갖고 있어야만 그와 같은 제안을 점검해볼 수 있다. 따라서 여기서 우리는 논리의 원을 맴돌고 있는 것으로 생각된다."

당신은 좀더 생각해본 뒤에 다소 경멸하는 눈빛으로 나를 바라보면서 (그러는 것도 당연하다) 다음과 같이 선언할 것이다.

"그래도 나는 내가 내린 정의를 유지하겠다. 왜냐하면 그 정의는 실제로 빛에 대해 가정하는 것이 전혀 없기 때문이다. 동시성에 대한 그러한 정의에 대해 요구할 수 있는 것은 오직 하나뿐이다. 그것은 정의돼야 하는 개념이 모든 실제의 경우에 충족되는지의 여부에 대한 경험적인 판정을 그 정의가 우리에게 제공해주어야 한다는 것이다. 나의 정의가 이런 요구를 만족시키는 것은 논박될 여지가 없다. 빛이 경로 $A{\to}M$을 이동할 때와 경로 $B{\to}M$을 이동할 때에 똑같은 시간이 걸려야 한다는 것은 실제로는 빛의 물리적 성질에 대한 가정도, 가설도 아니다. 그것은 동시성에 대한 정의에 도달하기 위해 내가 나의 자유의지로 할 수 있는 조건설정이다."

이런 정의는 단지 두 개의 사건에 대해서만이 아니라 우리가 선택하고 싶은 만큼 많은 수의 사건에 대해서도, 그리고 기준체(여기서는 철로가 놓인 둑)를 기준으로 그 사건들이 일어나는 위치와는 무관하게[9] 어떤 정밀한

---

9 우리는 추가로 다음과 같이 가정한다. 세 개의 사건 A, B, C가 서로 다른 장소에서 일어날 때 A가 B와 동시에 일어나고 B가 C와 동시에 일어난다면(여기서 '동시'는 앞에서 정의된 의미의 '동시'다) A와 C가 동시에 일어난다고 말할 수 있는 기준도 충족된다. 이 가정은 빛 전파의 법칙에 관한 하나의 물리적 가설이다. 우리가 진공 속에서 빛의 속도가 일정하다는 법칙을 유지한다면 이 가설은 분명히 성립한다.

의미를 부여하는 데 이용될 수 있는 것은 분명하다.

이리하여 우리는 물리학에서의 '시간'에 대한 정의로 나아가게 된다. 이 목적을 위해 우리는 똑같은 구조로 만들어진 세 개의 시계가 철로(좌표계) 위의 점 A, B, C에 놓여 있고, 그 각각의 바늘이 동시(위에서 정의된 의미에서)에 똑같은 위치에 있게 된다고 가정한다. 이런 조건 아래서 어떤 사건의 '시간'을 세 개의 시계 가운데 그 사건의 바로 옆(공간 속에서)에 있는 시계의 바늘이 가리키는 눈금(바늘의 위치)으로 이해하자. 이런 식으로 하면 실질적으로 관찰이 가능한 모든 사건이 시간값과 연결된다.

이런 조건설정은 또 하나의 물리적 가설을 내포하고 있으며, 반대되는 경험적 증거가 없는 한 그 가설의 타당성이 의심의 대상이 될 가능성은 거의 없을 것이다. 두 개의 시계가 똑같은 구조로 만들어졌다면 그것들이 똑같은 속도로 간다는 가설이 그것이다. 보다 정확하게 진술하면 다음과 같다. 두 개의 시계를 동일한 기준체 위의 상이한 두 위치에 정지 상태로 있게끔 놓아두고 그 가운데 어느 한 시계의 바늘이 놓인 특정한 위치가 다른 한 시계의 바늘이 놓인 동일한 위치와 동시(위와 같은 의미에서)가 되도록 설정해 놓는다면 그러한 동일한 두 개의 '설정'은 항상 동시(위의 정의와 같은 의미에서)가 된다.

09 동시성의 상대성

지금까지의 고찰은 우리가 '철로를 받치는 둑'에 비유한 특정한 기준체를 기준으로 이루어졌다. 이제는 일정한 속도 v를 유지하며 〈그림 1〉에 표시된 방향으로 철로 위를 달리는 매우 긴 기차를 생각해보자.

이런 기차를 탄 사람들은 바깥을 내다보면서 그 기차를 하나의 강체인 기준체(좌표계)로 여기고, 그 기차를 기준으로 모든 사건을 바라볼 것이다. 그렇다면 철로 위에서 일어나는 사건은 모두 기차의 특정한 지점에서도 일어나는 것이 된다. 또한 동시성에 대한 정의도 둑을 기준으로 내리는

〈그림 1〉

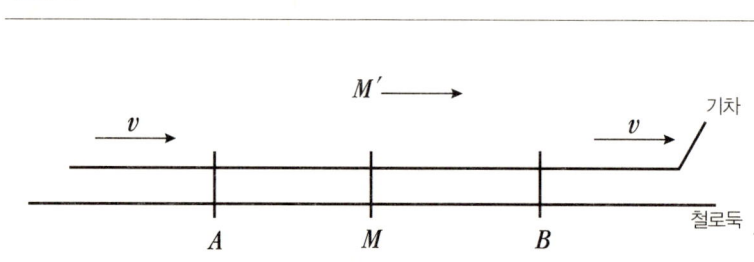

것과 똑같은 방식으로 기차를 기준으로 내릴 수 있다. 그렇지만 자연스러운 결과로 다음과 같은 질문이 제기된다.

철로 둑을 기준으로 볼 때 동시에 일어나는 두 사건(예를 들어 두 개의 번개 A와 B가 동시에 치는 것)은 기차를 기준으로 볼 때에도 동시에 일어나는가? 이 질문에 대한 대답이 부정적일 수밖에 없음을 곧바로 증명해 보이겠다.

우리가 둑을 기준으로 번개 A와 번개 B가 동시에 친다고 말한다면 그 의미는 '번개가 친 장소 A와 B에서 방출된 광선이 둑 위의 거리 $A{\rightarrow}B$의 중간점 M에서 서로 만난다'는 것이다. 그런데 두 사건 A와 B는 기차 위의 두 위치 A와 B에도 대응한다.

달리는 기차 위에서 거리 $A{\rightarrow}B$의 중간점을 M'라고 하자. 번개가 쳤다면[10] 바로 그때에는 점 M'가 점 M과 당연히 일치하지만, 점 M'는 그림에서 오른쪽으로 기차의 속도 v와 같은 속도로 운동한다. 기차 안에서 위치 M'에 앉아있던 관찰자가 만약 이런 운동을 하지 않는다면 그는 계속 M에 머물러 있을 것이고, 두 개의 번개 A와 B에서 각각 방출된 광선은 그에게 동시에 도달할 것이다. 다시 말해 두 개의 광선이 바로 그가 앉아있는 곳에서 만나게 될 것이다. 그런데 실제로는(철로 둑을 기준으로 해서 생각하면) 그가 B에서 오는 광선을 거슬러 나아가는 동시에 A에서 오는 광선을 앞질러 나아간다. 따라서 그 관찰자는 A에서 방출된 광선을 보게 되는 것보다 더 일찍 B에서 방출된 광선을 보게 된다. 그래서 기차를 기준체로 삼은 관찰자들은 번개 A보다 번개 B가 먼저 쳤다는 결론에 이를 것이 틀림없다.

---

10 둑을 기준으로 판단해서.

이리하여 우리는 다음과 같은 중요한 결과를 얻게 된다.

둑을 기준으로 보면 동시에 일어나는 두 개의 사건이 기차를 기준으로 보면 동시에 일어나지 않으며, 거꾸로 기차를 기준으로 보면 동시에 일어나는 두 개의 사건이 둑을 기준으로 보면 동시에 일어나지 않는다(동시성의 상대성). 모든 기준체(좌표계)는 각각 그 자신의 특수한 시간을 갖고 있다. 시간에 관한 진술이 기준으로 삼은 기준체가 무엇인지가 언급되지 않는 한 어떤 사건의 시간에 관한 진술은 아무런 의미도 갖지 못한다.

그런데 상대성의 이론이 등장하기 전에는 물리학에서 언제나 시간에 관한 진술이 절대적인 의미를 갖는다고 암묵적으로 가정됐다. 다시 말해 그러한 진술은 기준체의 운동상태와는 무관하다고 가정됐던 것이다. 그러나 우리는 이러한 가정이 동시성에 대한 가장 자연스러운 정의와 양립할 수 없음을 방금 보았다. 그러므로 우리가 만약 이러한 가정을 버린다면 진공 속 빛 전파의 법칙과 상대성의 원리(7절에서 도출된) 사이의 모순이 사라진다.

우리가 그와 같은 모순에 이끌려 들어간 것은 6절에 서술된 고찰 때문이었는데, 그 고찰은 이제 더 이상 지탱될 수 없다. 그 절에서 우리는 기차 안에서 그 기차를 기준으로 초당 w의 거리를 이동하는 사람은 둑을 기준으로 해서도 매 초마다 똑같은 w의 거리를 이동한다는 결론을 내렸다. 그러나 앞에서 살펴본 바에 따르면 기차를 기준으로 특정한 사건에 소요되는 시간과 둑 위에 서서(둑을 기준체로 해서) 판단하는 경우에 그 사건이 지속되는 시간이 반드시 같지는 않다. 따라서 기차 안에서 초당 w의 거리를 이동하는 사람은 둑 위에 서서 판단하는 경우에 1초에 해당하는 시간 동안에 철로를 기준으로 똑같은 거리 w만큼 이동한다고 주장할 수는 없다.

    게다가 6절의 고찰은 또 하나의 가정을 토대로 한 것인데, 그 가정은 상대성의 이론이 도입되기 전부터 언제나 암묵적으로 전제돼온 것이지만 엄밀하게 생각해보면 자의적인 것으로 여겨진다.

10 거리 개념의 상대성에 대해

둑 위를 속도 v로 달리는 기차 위의 특정한 두 점[11]을 상정하고 그 두 점 사이의 거리에 대해 탐구해보자. 거리를 측정하기 위해서는 어떤 기준체, 즉 그 자신을 기준으로 거리를 측정할 수 있게 해주는 것이 필요하다는 것을 우리는 이미 알고 있다. 가장 간단한 방책은 기차 그 자체를 기준체(좌표계)로 사용하는 것이다. 기차 안에 있는 관찰자는 두 개의 표시된 점 사이의 간격에 직선으로(예를 들어 기차의 바닥을 따라) 자신의 잣대를 들이대는 동작을 두 개의 점 가운데 하나에서 시작해 다른 하나에 도달할 때까지 필요한 만큼 해나갈 수 있다. 그러면 잣대를 들이댄 횟수가 바로 우리가 알고자 하는 거리가 된다.

그 거리를 철로 위에 서서 판단해야 하는 경우라면 다른 문제가 된다. 이런 경우에 대해서는 다음과 같은 방법이 떠오른다. 우리가 서로 떨어진 거리를 알고자 하는 두 개의 점을 A'와 B'라고 부르자. 그러면 A'와 B' 둘

---

[11] 이를테면 기차의 첫 번째 객차의 중간점과 100번째 객차의 중간점.

다 둑 위를 속도 v로 이동하게 된다. 우리는 먼저 둑 위에 서서 판단할 때 특정한 시간 t에 두 개의 점 A'와 B'를 각각 막 통과하고 있는 두 개의 점 A와 B를 지정할 필요가 있다. 둑 위의 이 두 점 A와 B는 8절에서 제시된 시간에 대한 정의를 적용해서 결정할 수 있다. 그러면 그 두 점 A와 B 사이의 거리는 둑을 따라서 잣대를 들이대는 동작을 되풀이하는 것을 통해 측정할 수 있다.

선험적으로 판단할 때 이와 같은 측정이 앞에서 우리가 얻은 결과와 똑같은 결과를 우리에게 가져다주리라는 보장은 없다. 그렇다면 둑 위에 서서 측정한 기차의 길이는 기차 그 자체를 측정해서 얻은 그 기차의 길이와 다를 수 있다. 이런 상황은 겉보기에 자명한 6절의 고찰에 대해 제기해야 하는 또 하나의 반대논거로 우리를 이끌어준다. 다시 말해 기차 안에서 측정할 때 그 기차에 탄 사람이 단위시간당 w의 거리를 이동한다고 할 경우에 둑 위에 서서 측정할 때 그 사람이 이동한 거리가 반드시 단위시간당 w와 같다고 말할 수 없다.

11 로렌츠 변환

8절부터 10절까지 세 개의 절에서 얻어진 결과는 빛 전파의 법칙과 상대성의 원리 사이의 겉보기 양립불가능성(7절)이 고전역학에서 빌려온 두 개의 정당화할 수 없는 가설을 내포하는 고찰에 의해 도출된 것임을 보여준다. 그 두 개의 가설은 다음과 같다.

(1) 두 개의 사건 사이의 시간간격(시간)은 기준체의 운동상태와 무관하다.
(2) 강체 위의 두 점 사이의 공간간격(거리)는 기준체의 운동상태와 무관하다.

이 두 개의 가설을 버리면 7절에서 살펴본 딜레마가 사라진다. 왜냐하면 6절에서 도출된 속도 합산의 정리가 타당하지 않게 되기 때문이다. 그러면 진공 속 빛 전파의 법칙이 상대성의 원리와 양립가능할 수 있을 가능성이 생겨나고, 더불어 이런 질문이 제기된다. 그 두 개의 기본적인 경험적 결과 사이의 겉보기 부조화를 제거하기 위해서는 우리가 6절에서 고찰한 것들을 어떻게 수정해야 하는가? 이 질문은 일반적인 질문으로 이어진다. 6절의 논의에서 우리는 기차와 둑 둘 다를 기준으로 장소와 시간을 다루어야 했다. 우리가 철로 둑을 기준으로 어떤 사건의 장소와 시간을 알고 있다고 할 때 기차를 기준으로 한 그 사건의 장소와 시간은 어떻게 해야 알아낼 수 있을까? 이 질문에 대해 진공 속 빛 전파의 법칙이 상대성의 원리와 모순되지 않게 해주는 성질을 가진 답변으로 생각해볼 만한 게 있을까? 달리 말해 둑을 기준으로 하든 기차를 기준으로 하든 모든 빛이 동일한 전파속도 c를 갖도록 두 기준체 모두를 기준으로 한 개별 사건의 장소와 시간 사이의 관계를 생각해볼 수 있을까? 이 질문은 매우 단정적으로 긍정적인 대답을 하게 하는 동시에 어느 한 기준체에서 다른 한 기준체로 넘어갈 때 어느 사건이든 그것의 공간-시간 크기에 대한 완전하게 확정적인 변환법칙을 도출하게 해준다.

이 문제를 다루기에 앞서 우리는 다음과 같은 부수적인 고찰을 도입해야 한다. 지금까지 우리는 둑이 놓인 방향으로 일어나는 사건만을 다루었고, 이는 곧 수학적으로는 직선의 함수를 가정한 것과 같았다. 우리는 2절에서 제시된 방식으로 기준체가 평행의 방향과 수직의 방향으로 놓인 막대에 의해 보완된다는 상상을 해볼 수 있다. 이런 상상을 해보는 것은 어느 곳에서 일어나는 사건이든 그 사건의 위치를 바로 그러한 틀을 기준으로 지정할 수 있기 위해서다.

이와 비슷하게 우리는 속도 v로 달리는 기차가 공간 전체에 걸쳐 길게 이어져 있다는 상상을 해볼 수 있다. 이런 상상을 해보는 것은 아무리 멀리 떨어진 곳에서 일어나는 사건이라도 그것을 포함한 모든 사건의 위치를 두 번째 틀을 기준으로 해서도 지정할 수 있기 위해서다. 실제로는 고체의 불가입성(不可入性, impenetrability) 때문에 이런 틀들이 끊임없이 서로 간섭한다는 사실은 우리가 근본적인 오류를 전혀 저지르지 않으면서도 무시할 수 있다. 우리가 그러한 틀들 가운데서 서로에 대해 수직인 세 개의 평면을 골라내어 그것을 '좌표면들'('좌표계')이라고 부른다고 하자. 이때 좌표계 K는 둑에 대응하고, 좌표계 K'는 기차에 대응한다. 어떤 하나의 사건은 그것이 어디에서 일어나는 것이든 K를 기준으로 한 공간 속에서는 거기서 세 개의 좌표면에 내려뜨린 수직선 x, y, z에 의해 고정되고, 시간은 시간값 t에 의해 고정된다. K'를 기준으로 하면 같은 사건이 공간과 시간의 측면에서 각각 대응하는 x', y', z', t'에 의해 고정되는데, 이것은 물론 x, y, z, t와 같지 않다. 이런 규모를 물리적 측정의 결과로서는 어떻게 봐야 하는지는 이미 자세하게 설명했다.

우리의 문제는 다음과 같은 방식으로 정밀하게 공식화될 수 있음이 명백하다. K를 기준으로 한 어떤 사건의 규모 x, y, z, t의 값이 주어졌을 때

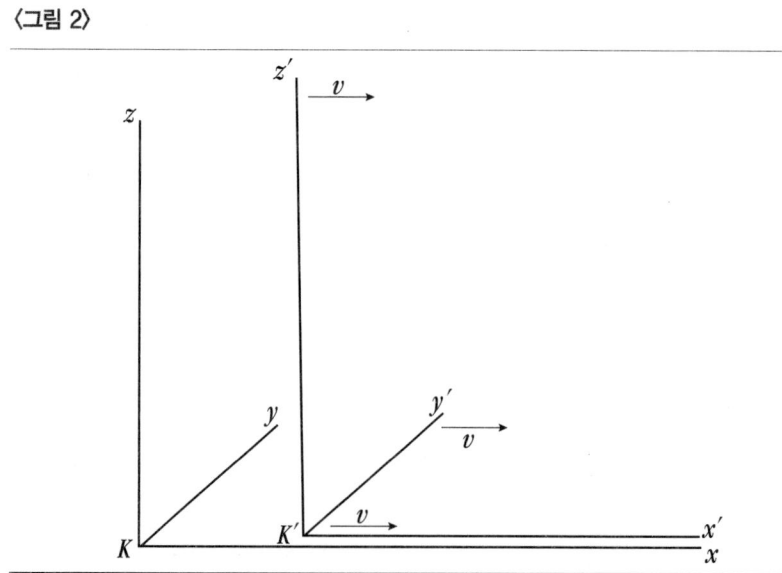

〈그림 2〉

K'를 기준으로 한 그 사건의 규모 x', y', z', t'는 어떤 값을 갖는가? 그 관계는 K를 기준으로 하든 K'를 기준으로 하든 하나의 동일한 광선에 대해 (그리고 물론 모든 광선에 대해) 진공 속 빛 전파의 법칙이 충족되도록 선택돼야 한다.

〈그림 2〉에 표시된 좌표계 공간 속에서의 상대적 방향에 대해서는 이 문제가 다음과 같은 방정식들에 의해 풀린다.

$$x' = \frac{x - vt}{\sqrt{1 - \frac{v^2}{c^2}}}$$

$$y' = y$$

$$z' = z$$

$$t' = \frac{t - \frac{v}{c^2} \cdot x}{\sqrt{1 - \frac{v^2}{c^2}}}$$

이 연립방정식은 '로렌츠 변환'으로 알려져 있다.[12]

우리가 만약 빛 전파의 법칙 대신에 시간과 길이의 절대적 특성에 대한 옛 역학의 암묵적 가정을 토대로 삼는다면 위와 같은 연립방정식 대신에 다음과 같은 연립방정식을 얻게 될 것이다.

$$x' = x - vt$$

$$y' = y$$

---

[12] 로렌츠 변환을 간단히 도출하는 과정은 부록 01에 실려 있다.

$z' = z$

$t' = t$

이 연립방정식은 흔히 '갈릴레이 변환'으로 불린다. 갈릴레이 변환은 로렌츠 변환에서 빛의 속도 c에 무한히 큰 값을 대입하면 얻어진다.

아래와 같은 설명의 도움을 받으면 우리는 로렌츠 변환에 따라 진공 속 빛 전파의 법칙이 기준체 K와 기준체 K' 둘 다에 대해 충족된다는 것을 쉽게 알 수 있다. x축을 따라 양의 방향으로 빛의 신호를 보내면 이 빛의 자극은 다음과 같은 방정식에 따라 나아간다.

$x = ct$

즉 빛의 자극은 속도 c로 나아가는 것이다. 로렌츠 변환의 연립방정식에 따르면 x와 t 사이의 이 간단한 관계는 x'와 t' 사이의 관계를 내포하고 있다. 실제로 로렌츠 변환을 나타내는 연립방정식의 첫 번째와 네 번째 방정식에 나오는 x 대신에 ct라는 값을 집어넣으면 다음과 같은 수식을 얻게 된다.

$$x' = \frac{(c-v)t}{\sqrt{1-\frac{v^2}{c^2}}}$$

$$t' = \frac{(1-\frac{v}{c})t}{\sqrt{1-\frac{v^2}{c^2}}}$$

앞의 식을 뒤의 식으로 나누어주면 곧바로 다음과 같은 결과를 얻게 된다.

$$x' = ct'$$

K'를 기준으로 하면 빛의 전파는 바로 이 방정식에 따라 일어난다. 이리하여 우리는 기준체 K'를 기준으로 한 빛 전파의 속도도 c와 같음을 알게 된다. 그리고 다른 어떤 방향으로 나아가는 광선에 대해서도 이와 똑같은 결과를 얻게 된다. 물론 이것은 놀라운 일이 아니다. 왜냐하면 로렌츠 변환의 연립방정식은 바로 그러한 관점에 부합하게끔 도출된 것이기 때문이다.

12 운동 중인 잣대와 시계의 동태

K'의 x' 축에 1미터 길이의 잣대를 놓되 그 한쪽 끝(시작하는 점)이 점 $x' = 0$과 일치하고 다른 쪽 끝(끝나는 점)이 점 $x' = 1$과 일치하도록 해보자. K 계를 기준으로 하면 이 잣대의 길이는 어떻게 될까? 이 질문에 대한 답을 알기 위해서는 K계의 특정 시각에 K를 기준으로 잣대의 시작하는 점과 끝나는 점이 각각 어디에 있게 되는지를 물어보기만 하면 된다. 로렌츠 변환의 연립방정식 중 첫 번째 방정식을 이용하면 $t = 0$일 때 이 두 점의 값이 다음과 같이 됨을 보일 수 있다.

$$x(\text{잣대의 시작하는 점}) = 0 \cdot \sqrt{1 - \frac{v^2}{c^2}}$$

$$x(\text{잣대의 끝나는 점}) = 1 \cdot \sqrt{1 - \frac{v^2}{c^2}}$$

이때 두 점 사이의 거리는 $\sqrt{1 - \frac{v^2}{c^2}}$ 이다. 그런데 이 잣대는 K를 기준으로 속도 v로 운동하고 있다. 따라서 강체인 1미터짜리 잣대가 그 길이를 재는 방향으로 속도 v로 운동하고 있다면 그 길이는 1미터의 $\sqrt{1 - \frac{v^2}{c^2}}$ 배가 되는 셈이다.

여기서 강체인 잣대는 정지상태일 때에 비해 운동 중일 때 그 길이가 이처럼 더 짧아지고, 더 빨리 운동하면 잣대의 길이가 더 짧아진다. 속도 v가 c와 같다면 $\sqrt{1-\frac{v^2}{c^2}} = 0$이고, 속도 v가 c보다 더 커지면 이 제곱근 수식의 값이 허수가 된다. 이로부터 우리는 상대성의 이론에서 속도 c가 극한속도의 역할을 한다는 결론을 내릴 수 있다. 다시 말해 실제의 물체는 무엇이든 그 속도가 c에 도달할 수도 없고, c를 넘을 수도 없다는 것이다.

물론 속도 c의 이런 극한속도로서의 특징은 로렌츠 변환의 연립방정식으로부터도 분명히 도출된다. 왜냐하면 만약 우리가 v의 값을 c보다 크게 잡는다면 로렌츠 변환의 연립방정식은 의미가 없게 되기 때문이다.

거꾸로 K를 기준으로 x축 위에 1미터 길이의 잣대가 정지상태로 있다고 가정했다면 우리는 K'를 기준으로 판단할 때 그 잣대의 길이가 $\sqrt{1-\frac{v^2}{c^2}}$과 같음을 알게 됐을 것이다. 이는 우리의 고찰에 토대가 되고 있는 상대성의 원리에 전적으로 부합하는 것이다.

선험적으로 생각하면, 로렌츠 변환의 연립방정식으로부터 잣대와 시계의 물리적 동태에 대해 틀림없이 뭔가를 알아낼 수 있는 게 아주 분명하다. 왜냐하면 규모 x, y, z, t의 값은 잣대와 시계를 이용해 측정한 결과로 구할 수 있는 것에 불과하기 때문이다. 우리가 만약 갈릴레이 변환에 토대를 두고 고찰했다면 운동의 결과로 잣대가 수축하는 결과를 얻지 못했을 것이다.

이제는 K'의 원점($x' = 0$)에 영구히 위치하는 초시계를 생각해보자. $t' = 0$과 $t' = 1$은 이 시계의 바늘이 연속으로 가리키는 시각이다. 로렌츠 변환의 첫 번째 방정식과 네 번째 방정식은 이 두 시각에 대해 다음과 같은 두 개의 값을 준다.

$$t = 0$$

$$t = \frac{1}{\sqrt{1-\frac{v^2}{c^2}}}$$

K를 기준으로 판단하면 이 시계는 속도 v로 운동하고 있다. 이 기준체를 기준으로 판단하면 방금 말한 두 시각 사이의 경과시간은 1초가 아니라 $\frac{1}{\sqrt{1-\frac{v^2}{c^2}}}$ 초, 즉 다소 더 긴 시간이 된다. 시계가 그 운동의 결과로 정지 상태에 있을 때보다 느리게 가는 것이다. 여기서도 속도 c가 도달될 수 없는 극한속도의 역할을 한다.

13 속도 합산의 정리와 피조의 실험

그런데 실제로는 우리가 빛의 속도에 비해 느린 속도로만 시계와 잣대를 운동하게 만들 수 있다. 따라서 우리는 앞의 절에서 얻은 결과를 실제의 현상과 곧바로 비교하기 어렵다. 그러나 다른 한편으로 그 결과는 당신에게 매우 특이한 것으로 느껴질 게 틀림없고, 이런 이유에서 나는 여기서 앞의 고찰로부터 쉽게 도출될 뿐 아니라 그동안 실험에 의해 매우 정교하게 검증된 이론으로부터 또 다른 결론을 끌어내고자 한다.

6절에서 우리는 한 방향의 속도들을 합산하는 것에 관한 정리를 도출했고, 그것은 고전역학의 가설로부터 도출할 수 있는 형태였다. 그 정리는 갈릴레이 변환(11절)으로부터도 쉽게 도출할 수 있다. 기차 안에서 걸어가는 사람 대신에 좌표계 K'를 기준으로 다음과 같은 방정식에 따라 운동하는 하나의 점을 도입하자.

$$x' = wt'$$

우리는 갈릴레이 변환의 첫 번째와 네 번째 방정식을 이용해 x'와 t'를 x

와 t의 수식으로 표현할 수 있다. 이렇게 하면 우리는 다음과 같은 수식을 얻게 된다.

$$x = (v+w)t$$

이 방정식은 좌표계 K를 기준으로 한 점의 운동(둑을 기준으로 한 사람의 운동)에 관한 법칙을 표현한 것일 뿐이다. 그 속도를 기호 W로 표시하면 6절에서와 같이 우리는 다음 수식을 얻게 된다.

$$W = v + w \quad (A)$$

그런데 우리는 상대성의 이론을 토대로 해서도 위와 같은 고찰을 문제없이 할 수 있다. 다음과 같은 방정식을 생각해보자.

$$x' = wt'$$

로렌츠 변환의 첫 번째와 네 번째 방정식을 이용해 이 방정식의 x'와 t'를 x와 t의 수식으로 바꿔보자. 그러면 우리는 (A) 대신에 다음과 같은 방정식을 얻게 된다.

$$W = \frac{v+w}{1+\frac{vw}{c^2}} \quad (B)$$

이 방정식은 상대성의 이론에 따른 한 방향의 속도 합산의 정리에 대응하는 것이다. 그런데 여기서 위의 두 가지 정리 가운데 어느 것이 경험에

〈그림 3〉

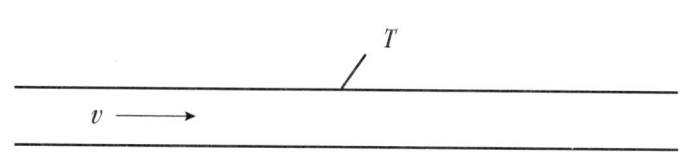

더 잘 부합하는가 하는 의문이 생긴다. 이 점에 대해서는 반세기도 더 전에 탁월한 물리학자인 피조[13]가 수행한 매우 중요한 실험이 우리에게 빛을 비추어준다. 피조의 실험은 그 뒤로 가장 훌륭한 물리학자들 가운데 일부가 반복해보았고, 따라서 그 결과에 대한 의문의 여지는 없다. 피조의 실험은 다음과 같은 질문에 관한 것이다. 운동하지 않는 액체 속에서 빛이 특정한 속도 w로 나아간다. 방금 언급한 액체가 관 T 속에서 속도 v로 흘러간다면 빛은 T 속에서 화살표의 방향으로 얼마나 빨리 나아갈까?

우리가 상대성의 원리를 따른다면 액체가 다른 물체들을 기준으로 운동을 하든 안 하든 액체를 기준으로 해서는 언제나 똑같은 속도 w로 빛이 전파되는 것이 당연하다고 생각할 것이 틀림없다. 그렇다면 액체를 기준으로 한 빛의 속도와 관을 기준으로 한 액체의 속도는 우리가 아는 것이니, 이를 토대로 관을 기준으로 한 빛의 속도를 알아내야 한다.

우리가 6절에서 부닥쳤던 문제가 여기서 우리 앞에 또 다시 나타난 것이 분명하다. 6절에서 철로가 놓인 둑 또는 좌표계 K가 했던 역할을 여기서는 관이 하고 있고, 거기서 기차 또는 좌표계 K'가 했던 역할을 여기서는 액체

---

[13] (역주) 이폴리트 피조(Armand Hippolyte Louis Fizeau). 1819~1896. 프랑스의 물리학자.

가 하고 있으며, 마지막으로 거기서 기차 안에서 걸어가는 사람 또는 지금의 절에서 운동하는 점이 했던 역할을 여기서는 빛이 하고 있다. 관을 기준으로 한 빛의 속도를 W라고 표시한다면 W의 값은 주어진 사실들에 부합하는 변환이 갈릴레이 변환인지 로렌츠 변환인지에 따라 (A) 또는 (B)를 이용하여 구할 수 있다. 실험의 결과[14]는 상대성의 이론으로부터 도출된 (B)를 뒷받침하며, 그 일치의 정확도도 매우 높다. 제만(Zeeman)[15]에 의한 최근의 매우 탁월한 측정에 따르면 액체가 흐르는 속도 v가 빛의 전파에 미치는 영향은 1% 이내의 오차로 공식 (B)로 표현된다.

그러나 우리는 여기서 이런 현상에 관한 하나의 이론이 상대성의 이론이 그것을 진술하기보다 오래 전에 H. A 로렌츠에 의해 제시됐다는 사실에 주목해야 한다. 그 이론은 순수하게 전기역학적인 성질을 가진 것이었고, 물질의 전자기적 구조에 대한 특정한 가설들을 이용하여 얻어진 것이었다. 그러나 이런 상황으로 인해 상대성의 이론을 뒷받침하는 긴요한 검증으로서 앞에서 거론한 실험이 지닌 결정적인 성격이 조금이라도 위축되는 것은 아니다. 왜냐하면 로렌츠의 이론에 토대가 된 맥스웰[16]–로렌츠의 전기역학은 상대성의 이론과 전혀 배치되지 않기 때문이다. 오히려 상대성의 이론은 전기역학으로부터 발전된 것이라고 말할 수 있다. 전기역학에 토대가 됐지만 그동안 서로 독립적이었던 가설들이 놀라울 정도로 간단하게 결합되고 일반화된 것이 상대성의 이론이다.

---

14 피조는 $W = w + v(1 - \frac{1}{n^2})$임을 알아냈다. 여기서 $n = \frac{c}{w}$는 빛의 굴절률이다. 다른 한편으로 $\frac{vw}{c^2}$가 1에 비해 작기 때문에 우리는 (B)를 우선은 $W = (w+v)(1-\frac{vw}{c^2})$로 대체할 수 있고, 그 다음에는 같은 차수의 근사값인 $w + v(1 - \frac{1}{n^2})$로 대체할 수 있다. 이는 피조의 실험 결과와 일치한다.

15 (역주) 피터르 제만(Pieter Zeeman). 1865~1943. 네덜란드의 물리학자. 1902년도 노벨물리학상 수상자.

16 (역주) 제임스 맥스웰(James Clerk Maxwell). 1831~79. 영국(스코틀랜드)의 물리학자, 수학자.

14 발견을 돕는 상대성 이론의 가치

앞에서 우리가 전개한 사고는 다음과 같이 요약될 수 있다. 경험은 한편으로는 상대성의 원리가 타당하게 성립하고, 다른 한편으로는 진공 속 빛 전파의 속도가 상수 c와 같다고 생각해야 한다고 확신하게 한다. 이 두 개의 공준을 결합하면 우리는 자연의 과정을 구성하는 사건들의 직교좌표 x, y, z과 시간 t에 대한 변환의 법칙을 얻게 된다. 이와 관련해 우리가 얻은 것은 갈릴레이 변환이 아니라 고전역학에서와 달리 로렌츠 변환이다.

이런 사고의 과정에서 빛 전파의 법칙이 중요한 역할을 했고, 이 법칙을 수용하는 것은 우리의 실제적인 지식에 의해 정당화된다. 그렇지만 일단 로렌츠 변환이 확보된 뒤에는 우리가 이 변환을 상대성의 원리와 결합할 수 있게 되며, 그래서 결국은 우리의 이론이 다음과 같이 요약된다.

자연의 일반법칙은 모두 우리가 원래의 좌표계 K의 공간-시간 변수 x, y, z, t 대신에 또 다른 좌표계 K′의 새로운 공간-시간 변수 $x′$, $y′$, $z′$, $t′$를 도입할 때 정확하게 똑같은 형태의 법칙으로 변환되게끔 수립돼야 한다. 이와 관련해 원래 변수의 크기와 프라임 표시(′)가 붙은 변수의 크기 사이의 관계는 로렌츠 변환에 의해 주어진다. 이를 압축해 간단하게 진술

1부 상대성의 특수이론 59

하면 다음과 같이 된다.

> 자연의 일반법칙들은 로렌츠 변환에 대해 공변(共變, co-variant)한다.

이것이 자연법칙에 대해 상대성의 이론이 요구하는 하나의 분명한 수학적 조건이며, 이로 인해 상대성의 이론은 자연의 일반법칙을 탐구하는 데서 발견을 도와주는 가치 있는 도구가 된다. 이 조건을 충족시키지 않는 자연의 일반법칙이 발견됐다면 상대성 이론의 기본적인 가정 두 개 가운데 적어도 한 개는 잘못된 것으로 증명되어 기각됐을 것이다.

이제부터는 그동안 상대성의 이론이 낳아준 일반적인 결과로 어떤 것들이 있는지를 살펴보자.

15 상대성 이론의 일반적인 결과들

앞에서 우리가 전개한 고찰에 따르면 상대성의 (특수)이론은 전기역학과 광학으로부터 자라나온 것이 분명하다. 이 두 분야에서는 상대성의 이론이 그 분야의 이론에 따른 예측을 크게 변화시키지 않았고, 단지 이론의 구조, 즉 법칙의 도출과정을 상당히 단순화했으며, 비교할 수 없을 정도로 더 중요한 점으로는 이론의 기초를 형성하는 독립적 가설의 수를 상당히 줄였다. 상대성의 특수이론은 맥스웰-로렌츠 이론을 개연성이 높은 것으로 보이게 만들었고, 그래서 맥스웰-로렌츠 이론이 실험에 의해서는 전적으로 뒷받침되지 못했는데도 불구하고 물리학자들에 의해 대체로 받아들여졌다.

고전역학을 상대성의 특수이론이 요구하는 바에 들어맞게 하려면 수정을 가해야 한다. 그러나 대체로 보아 그 수정은 물질의 속도 v가 '빛의 속도에 비해 매우 낮지는 않은 정도로 빠른' 물질의 운동에 대한 법칙들에만 영향을 준다. 우리는 전자와 이온의 경우에만 그런 정도의 빠른 운동을 경험한다. 그 밖의 다른 운동은 고전역학의 법칙으로부터의 편차가 아주 작아 실제로는 명백하게 드러나지 않는다. 별의 운동은 우리가 상대성의 일반이론을 이야기하게 되기 전에는 고려하지 않을 것이다. 상대성의 이론에 따르면 질량이 m인 물질점의 운동에너지는 잘 알려진 수식 $m\frac{v^2}{2}$으로는 더 이상 주어지지 않는다. 그것은 이제 다음과 같은 수식으로 주어진다.

$$\frac{mc^2}{\sqrt{1-\frac{v^2}{c^2}}}$$

속도 v가 빛의 속도 c에 접근하면 이 수식은 무한대로 접근한다. 따라서 v를 가속시키기 위해 에너지가 아무리 많이 사용된다고 하더라도 v는 언제나 c보다 작은 값에 머무를 수밖에 없다. 이 수식을 급수의 형태로 전개하면 다음과 같다.

$$mc^2 + m\frac{v^2}{2} + \frac{3}{8}m\frac{v^4}{c^2} + \cdots$$

$\frac{v^2}{c^2}$이 1보다 작다면 이 급수의 세 번째 항은 두 번째 항에 비해 언제나 작을 것이고, 고전역학에서는 두 번째 항만 고려된다. 첫 번째 항인 mc^2은 속도를 포함하고 있지 않으며, 우리가 점질량의 에너지가 속도에 어떻게 의존하는가 하는 문제만을 다룰 때에는 고려하지 않아도 된다. 그 본질적인 의미에 대해서는 나중에 이야기하겠다.

상대성의 특수이론이 낳아준 일반적인 성격의 결과 가운데 가장 중요한 것은 질량의 개념과 관련된 것이다. 상대성이 등장하기 전에는 물리학이 근본적으로 중요한 두 개의 보존법칙, 즉 에너지 보존의 법칙과 질량 보존의 법칙을 인식했다. 이 두 개의 기본법칙은 서로 완전히 독립적인 것으로 보였다. 그런데 상대성의 이론에 의해 이 두 개의 기본법칙이 하나의 법칙으로 통합됐다. 이제부터는 그 통합이 어떻게 이루어졌는지, 그리고 그 통합에 어떤 의미를 부여해야 하는지를 간략하게 살펴보자.

상대성의 원리는 에너지 보존의 법칙이 좌표계 K에 대해서만이 아니라 좌표계 K를 기준으로 등속병진 운동의 상태에 있는 모든 좌표계 K'에 대해서도 성립해야 한다고 요구한다. 간단하게 바꿔 말하면 에너지 보존의 법칙이 모든 '갈릴레이 좌표계'에 대해 성립해야 한다는 것이다. 그러한 좌표계 가운데 어느 하나에서 다른 하나로 옮겨갈 때에는 고전역학에서와는 달리 로렌츠 변환이 결정적인 역할을 하는 요소가 된다.

이런 전제들을 맥스웰의 전기역학에 기본이 되는 방정식과 결합시키면 우리는 비교적 간단한 고찰에 의해 그 전제들로부터 다음과 같은 결론을 도출할 수 있다. 속도 v로 운동하는 물체가 복사 형태의 에너지의 양 E_0[17]를 흡수하되 그 과정에서 속도가 바뀌지 않는다면 결과적으로 이 물체의 에너지는 다음과 같은 양만큼 증가한다.

$$\frac{E_0}{\sqrt{1-\frac{v^2}{c^2}}}$$

물체의 운동에너지에 대한 수식으로 앞에서 제시된 것을 고려하면 우리가 구하고자 하는 이 물체의 에너지는 다음과 같이 된다.

$$\frac{(m+\frac{E_0}{c^2})c^2}{\sqrt{1-\frac{v^2}{c^2}}}$$

따라서 이 물체의 에너지는 다음과 같은 질량을 갖고 속도 v로 운동하는

---

[17] E_0는 물체와 함께 운동하는 좌표계를 기준으로 판단할 때 흡수된 에너지다.

물체의 에너지와 같다.

$$(m + \frac{E_0}{c^2})$$

그렇다면 우리는 이렇게 말할 수 있다. 어떤 물체가 에너지의 양 E_0를 흡수하면 그 관성질량은 다음과 같은 양만큼 증가한다.

$$\frac{E_0}{c^2}$$

물체의 관성질량은 상수가 아니라 물체의 에너지에 일어나는 변화에 따라 변화한다. 어느 한 물체계(物體系, system of bodies)의 관성질량을 해당 물체계의 에너지에 대한 척도로 간주하는 것도 가능하다. 어느 한 계를 놓고 보면 질량 보존의 법칙은 에너지 보존의 법칙과 같으며, 따라서 그 계가 에너지를 흡수하지도 방출하지도 않아야만 질량 보존의 법칙이 타당하게 성립한다. 에너지를 표현하는 수식을 다음과 같은 형태로 써보자.

$$\frac{mc^2 + E_0}{\sqrt{1 - \frac{v^2}{c^2}}}$$

이 수식에서 지금까지 우리의 눈길을 잡아 끈 항인 mc^2은 물체가 에너지 E_0를 흡수하기 전에 갖고 있었던 에너지일 뿐임[18]을 우리는 알 수 있다.

이 관계를 실험 결과와 직접 비교하는 것은 현재[19]로서는 가능하지 않다.[20] 그 이유는 우리가 어떤 하나의 계에 일으킬 수 있는 에너지 E_0의 변화가 그 계의 관성질량의 변화로 감지하게 해줄 만큼 충분히 크지 않다는 사

---

[18] 물체와 함께 운동하는 좌표계를 기준으로 판단할 때.
[19] (역주) 1920년.
[20] 이때 이후로 방정식 $E = mc^2$은 여러 차례 거듭해서 완전히 증명됐다.

실에 있다.

에너지가 변화하기 전에 존재하던 질량 m에 비해 $\frac{E_0}{c^2}$가 너무 작은 것이다. 고전역학이 질량의 보존을 독립적으로 타당성을 갖는 법칙으로 수립할 수 있었던 것은 바로 이런 상황 덕분이었다.

근본적인 성격을 가진 말을 마지막으로 하나 더 하겠다. 전자기적 원격작용에 대한 패러데이[21]–맥스웰 해석의 성공은 물리학자들로 하여금 뉴턴의 중력법칙과 같은 유형의 순간적인 원격작용(매질이 개입되지 않은)과 같은 것은 존재하지 않는다고 확신하게 하는 결과를 가져왔다. 상대성의 이론에 따른다고 하면 순간적인 원격작용 또는 무한한 전파속도를 가진 원격작용은 언제나 빛의 속도를 가진 원격작용으로 대체된다. 이는 상대성의 이론에서는 빛의 속도 c가 기본적인 역할을 한다는 사실과 관련이 있다. 2부에서 우리는 이런 결과가 상대성의 일반이론에서는 어떻게 수정되는지를 알아볼 것이다.

---

[21] (역주) 마이클 패러데이(Michael Faraday). 1791~1867. 영국의 화학자, 물리학자, 철학자.

16 경험과 상대성의 특수이론

상대성의 특수이론은 경험에 의해 어느 정도나 뒷받침될까? 이 질문에 대답하기란 피조의 기본적인 실험과 관련해 앞에서 이미 언급한 이유로 쉽지 않다.

상대성의 특수이론은 전자기 현상에 대한 맥스웰-로렌츠 이론으로부터 정제되어 나온 결정체다. 따라서 전자기 이론을 뒷받침하는 경험적 사실은 모두 상대성의 이론도 뒷받침한다. 특별히 중요한 사실이기에 여기서 내가 말해둬야 할 점은 상대성의 이론이 우리로 하여금 항성에서 나와 우리에게 도달하는 빛에 일어나는 효과를 예측할 수 있게 해준다는 것이다. 이런 결과는 대단히 간단한 방식으로 얻어지며, 방금 말한 효과는 항성을 기준으로 한 지구의 상대적 운동 때문에 일어나는 것인데 경험과 일치하는 것으로 확인된다. '지구가 태양 주위를 도는 운동으로부터 초래되는 항성의 겉보기 위치의 1년 주기 운동(광행차)'과 '지구를 기준으로 한 항성의 상대적 운동의 반지름 방향 성분이 항성에서 나와 우리에게 도달하는 빛의 색에 미치는 영향'에 주목하자. 이 두 가지 가운데 뒤에 말한 영향은 항성에서 나와 우리에게 전파되는 빛의 스펙트럼선들이 그 빛이 지구상의 광원에서 나왔을 경우에 비해 약간 변위되는 현상(도플러 원리)으로 드러난다. 맥스웰-로렌츠 이론을 뒷받침하는 실험적 논증인 동시에 상대성의 이론도 뒷받침하는 논증은 아주 많아 여기서 다 소개할 수가 없다. 그런데 알고 보면 그러한 논증들이 가능한 이론의 범위를 제한함으로써 맥스웰과 로렌츠의 이론을 제외하고는 다른 어떤 이론도 경험에 의한 검증을 받고서도 유지될 수는 없었다.

그런데 그 자체로는(즉 상대성의 이론을 이용하지 않으면) 외생적인 것으로 보이는 어떤 보조적 가설을 도입해야만 맥스웰-로렌츠 이론 속에서 표현될 수 있는 두 가지 부류의 실험적 사실들이 그동안 발견됐다.

음극선과 방사성 물질에서 방출되는 이른바 베타선은 음으로 대전된 입자(전자)로 구성되는데 그 입자는 관성은 매우 작지만 속도는 빠르다는 사실이 알려져 있다. 음극선과 베타선이 전기장과 전자장의 영향을 받으면 편향되는 현상을 살펴보는 것을 통해 우리는 이런 입자의 운동법칙을 매우 정확하게 탐구할 수 있다.

전자를 이론적으로 다룰 때 우리는 전기역학은 그 자체로는 전자의 성질에 대해 제대로 설명해주지 못한다는 난점에 부닥치게 된다. 왜냐하면 어느 한 부호의 전기질량들은 서로 반발하므로 전자를 구성하는 음의 전기질량들은 그들 사이에 작용하는 또 다른 종류의 힘(이 힘의 성질은 아직 우리에게 알려져 있지 않다)이 없는 한 그들 서로간에 반발하는 힘에 의해 필연적으로 흩어져버릴 것이기 때문이다.[22] 이제 우리가 전자를 구성하는 전기질량들 사이의 상대적 거리가 전자가 운동하는 동안에 변화하지 않는다

---

[22] 상대성의 일반이론에 따르면 전자를 구성하는 전기질량들은 중력의 힘에 의해 응집될 가능성이 있게 된다.

고(고전역학에서와 같은 의미의 강체연결) 가정한다면 경험과는 일치하지 않는 전자의 운동법칙에 도달하게 된다. H. A. 로렌츠는 순전히 형식적인 관점에서 전자의 형태가 그것이 운동을 하는 결과로 운동의 방향으로 수축하게 된다는 가설을 처음으로 도입했다. 이 가설에서 일어나는 수축은 $\sqrt{1-\frac{v^2}{c^2}}$ 에 비례한다.

그 어떤 전기역학적 사실에 의해서도 정당화되지 않는 이 가설이 최근 몇 년 동안에 대단히 정밀하게 검증돼온 특수한 운동법칙을 우리에게 가져다준 것이다.

상대성의 이론은 전자의 구조와 동태에 대한 그 어떠한 특별한 가설도 요구하지 않으면서 똑같은 운동법칙을 낳아준다. 우리는 13절에서 피조의 실험과 관련해 유사한 결론에 도달했는데, 그 실험의 결과는 굳이 액체의 물리적 성질에 대한 가설에 의존하지 않고도 상대성의 이론에 의해 예견되는 것이다.

우리가 언급한 '두 부류의 사실들' 가운데 두 번째 부류는 우주공간 속에서 이루어지는 지구의 운동을 지구상에서 이루어지는 실험에서 감지될 수 있게 할 수 있느냐는 질문과 관련이 있다. 우리는 이미 5절에서 이러한 성격의 시도는 모두 부정적인 결과를 낳았다고 말했다.

상대성의 이론이 제시되기 전에는 이제부터 논의하려고 하는 이유 때문에 그런 부정적인 결과를 수긍하게 되기가 어려웠다. 시간과 공간에 관해 우리가 물려받아 갖고 있는 선입견은 어떤 하나의 기준체로부터 다른 하나의 기준체로 옮겨갈 때 갈릴레이 변환이 갖는 우선적인 중요성에 대해 그 어떤 의문도 허용하지 않았다. 그런데 맥스웰-로렌츠 연립방정식이 기준체 K에 대해 성립하고 K를 기준으로 등속운동을 하는 또 다른 기준체 K'가 있다고 가정할 때 K와 K' 사이에 갈릴레이 변환의 관계가 존재한다면 우리는 맥스웰-로렌츠 연립방정식이 K'에 대해서는 성립하지 않는다는 사실을 알게 된다. 따라서 모든 갈릴레이 좌표계 가운데 특정한 운동상태에 대응하는 것(K)은 물리적으로 유일한 것처럼 보인다. 이런 결과는 K가 공간 속의 가설적인 물질인 에테르를 기준으로 정지상태에 있다고 간주하는 것을 통해 물리적으로 해석됐다. 다른 한편으로 K를 기준으로 운동 중인 좌표계 K'는 모두 에테르를 기준으로 운동 중이라고 간주돼야 했다.

에테르를 기준으로 한 K'의 이러한 운동(K'를 기준으로 하면 '에테르 유동')에는 K'에 대해 성립한다고 가정된 보다 복잡한 법칙이 작용한다고 여겨졌다. 엄밀하게 말하면 그러한 에테르 유동은 지구에 대해서도 가정돼야 했다. 이에 따라 오랜 세월에 걸쳐 물리학자들이 지구의 표면에서 에테르 유동의 존재를 확인하려는 시도에 노력을 기울였다.

그 가운데 가장 주목할 만한 시도에서 마이컬슨[23]이 결정적인 것인 게 틀림없어 보이는 방법을 고안해냈다. 하나의 강체 위에 반사면이 서로 마주 보도록 두 개의 거울이 세워진 상태를 상상해보자. 그 계 전체가 에테르를 기준으로 정지상태에 있다면 광선이 두 개의 거울 가운데 하나에서 출발해 다른 하나로 갔다가 되돌아오는 데는 완전히 정해진 시간 T가 소요될 것이다. 그러나 강체가 그 위에 세워진 두 개의 거울과 함께 에테르를 기준으로 운동을 하고 있다면 광선이 그렇게 왕복하는 과정에 소요되는 시간은 T와 약간 다른 T'임을 우리는 계산에 의해 알게 된다. 그런데 또 하나 주목할 점이 있다. 그것은 에테르를 기준으로 속도 v가 일정하게 주어졌다고 할 때 강체가 두 거울의 반사면에 수직인 방향으로 운동하는 경우의 T'는 강

---

[23] (역주) 앨버트 마이컬슨(Albert Abraham Michelson), 1852~1931, 미국의 물리학자, 1907년도 노벨물리학상을 수상해 미국인 중 최초로 과학 분야 노벨상 수상자가 됐다.

체가 두 거울의 반사면과 평행인 방향으로 운동하는 경우의 T'와 다르다는 사실이 계산에 의해 증명된다는 것이다. 이 두 경우의 시간 T'의 차이에 대한 추정치가 매우 작기는 하지만 마이컬슨과 몰리[24]는 이 차이가 분명하게 검출되게 해줄 것으로 여겨지는 간섭을 가하는 방식으로 실험을 했다. 그러나 이 실험의 결과는 부정적으로 나왔고, 이는 물리학자들을 매우 혼란스럽게 만드는 사실이었다.

로렌츠와 피츠제럴드[25]가 이런 난점으로부터 위와 같은 이론을 구해냈다. 두 사람은 에테르를 기준으로 한 물체의 운동은 물체를 운동의 방향으로 수축하게 만들며 이때 수축의 크기는 앞에서 언급된 차이를 정확하게 상쇄하는 정도라고 가정하는 것을 통해 그렇게 할 수 있었다. 11절에서 전개된 논의와 비교해보면, 상대성 이론의 관점에서 봐도 위와 같은 난점에 대한 이러한 해법은 올바른 것임을 알 수 있다. 그러나 상대성의 이론을 토대로 삼으면 해석의 방법이 비할 수 없이 더 만족스럽게 된다. 상대성의 이론에 따르면 에테르라는 개념을 도입하게 만드는 '특별히 선호되는' 유일한 좌표계와 같은 것은 존재하지 않으며, 따라서 에테르 유동이라는 것이 있을 수 없고 그 어떤 실험으로도 그것을 증명할 수 없다.

운동하는 물체의 수축은 특별한 가정을 도입하지 않고도 상대성 이론의 두 가지 기본원리로부터 도출된다. 그리고 이런 수축에 관여하는 주된 요인은 우리가 어떤 의미도 부여할 수 없는 운동 그 자체가 아니라 우리가 주목하는 특정한 경우에서 선택된 기준체를 기준으로 한 운동임을 우리는 알게 된다. 따라서 마이컬슨과 몰리의 거울계는 지구와 함께 운동하는 좌표

---

[24] (역주) 에드워드 몰리(Edward Williams Morley). 1838~1923. 미국의 물리학자, 화학자.
[25] (역주) 조지 피츠제럴드(George Francis FitzGerald). 1851~1901. 아일랜드의 물리학자.

계를 기준으로 보면 수축되지 않지만 태양에 대해 상대적으로 정지상태에 있는 좌표계를 기준으로 보면 수축되는 것이다.

17 민코프스키의 4차원 공간

수학자가 아닌 사람은 '4차원' 운운하는 말을 들으면 왠지 이상한 전율에 사로잡히고, 초자연적인 신비에 대한 생각이 불러일으키는 감정과 다르지 않은 감정에 휩싸인다. 그러나 우리가 살고 있는 세계가 4차원의 공간-시간 연속체라고 말하는 것보다 더 평범한 진술은 없다.

공간은 3차원의 연속체다. 이 말로 우리가 의미하는 바는 어느 한 점(정지상태에 있는)의 위치를 세 개의 숫자(좌표) x, y, z을 가지고 묘사할 수 있다는 것, 그리고 그 점의 바로 옆에 x_1, y_1, z_1과 같은 좌표로 위치를 묘사할 수 있는 다른 점들, 다시 말해 우리가 그 점의 좌표 x, y, z 각각의 값에 아무리 가까운 곳을 선택하더라도 그곳에 무한하게 많은 수의 점들이 있다는 것이다. 이런 두 가지 의미 가운데 두 번째 의미가 있기에 우리가 '연속체'라는 말을 하는 것이고, 세 개의 좌표가 존재하기 때문에 우리가 그것을 '3차원'이라고 부르는 것이다.

이와 비슷하게 민코프스키[26]가 간단하게 '세계'라고 부른 물리적 현상

---

26 (역주) 헤르만 민코프스키(Hermann Minkowski). 1864~1909. 지금의 리투아니아에 해당하는 지역에서 태어난 러시아의 수학자.

의 세계는 공간-시간의 의미에서 당연히 4차원이다. 왜냐하면 그 세계는 네 개의 숫자, 즉 공간좌표 x, y, z와 시간좌표인 시간값 t에 의해 묘사되는 개별 사건들로 구성돼있기 때문이다. 이런 의미에서 그 '세계'도 하나의 연속체다. 왜냐하면 모든 사건의 각각에 대해 우리가 선택하고 싶은 만큼 얼마든지 선택할 수 있을 정도로 많은 수의 '인접한' 사건(실현됐거나 적어도 생각해볼 수 있는)이 존재하고, 그 좌표 x_1, y_1, z_1, t_1은 우리가 처음에 주목한 사건의 좌표 x, y, z, t와 무한하게 작은 크기만큼 다르기 때문이다.

우리가 세계를 이런 의미에서 4차원의 연속체로 간주하는 데 익숙해지지 못한 것은 상대성의 이론이 등장하기 전에는 물리학에서 공간의 좌표들과 비교해 시간은 어떤 다른, 그리고 보다 독립적인 역할을 했던 사실 때문이다. 바로 이런 이유에서 우리는 시간을 독립적인 연속체로 다루는 습관을 갖게 된 것이다. 사실 고전역학에 따르면 시간은 절대적이다. 다시 말해 시간은 좌표계의 위치나 운동상태와 무관하다. 우리는 이런 점이 갈릴레이 변환의 마지막 방정식($t'=t$)에 표현돼있음을 안다.

상대성의 이론을 토대로 한다면 '세계'를 4차원으로 생각하는 것이 당연하다. 왜냐하면 상대성의 이론에 따른다면 시간이 독립성을 박탈당하기 때문이다. 이 점은 다음과 같은 로렌츠 변환의 네 번째 방정식에서 드러난다.

$$t' = \frac{t - \frac{v}{c^2}x}{\sqrt{1 - \frac{v^2}{c^2}}}$$

게다가 이 방정식에 따르면 K'를 기준으로 한 두 사건 사이의 시간차이

$\triangle t'$는 K를 기준으로 한 같은 두 사건 사이의 시간차이 $\triangle t$가 영이 되더라도 일반적으로 영이 되지 않는다. K를 기준으로 한 두 사건 사이의 순수한 '공간거리'는 K를 기준으로 한 같은 두 사건 사이의 '시간거리'로 귀결된다. 그러나 상대성 이론의 형식적 발전에 중요한 역할을 한 민코프스키의 발견이 여기에 있는 것은 아니다. 그보다는 오히려 상대성의 이론이 제시하는 4차원의 공간–시간 연속체가 그것의 핵심에 해당하는 형식적 속성상 유클리드 기하학적 공간의 3차원 연속체와 뚜렷한 관계를 갖고 있음을 그가 인식했다는 사실에 그의 발견이 있다.[27] 그러나 이런 관계를 충분히 부각시키기 위해서는 우리가 통상적으로 사용하는 시간좌표 t를 그것에 비례하는 허수의 크기 $\sqrt{-1}\,ct$로 바꿔주어야 한다. 이런 조건 아래서 상대성의 (특수)이론이 요구하는 바를 충족시키는 자연법칙이 '시간좌표가 세 개의 공간좌표와 정확하게 똑같은 역할을 하는 수학적 형식'을 취하게 된다. 따라서 형식으로 보면 이 네 개의 좌표는 유클리드 기하학에 나오는 세 개의 공간좌표에 정확하게 대응한다. 우리의 지식에 이런 순전히 형식적인 지식을 추가하면 그 결과로 상대성의 이론이 필연적으로 상당히 명확해진다는 것은 수학자가 아닌 사람들에게도 분명할 것이 틀림없다.

 이런 정도의 불충분한 설명은 민코프스키가 기여한 중요한 관념에 대해 단지 모호한 개념만을 독자에게 줄 수 있다. 뒤에 이어지는 2부에서 우리는 상대성의 일반이론과 관련된 관념의 발전과정을 살펴볼 텐데, 민코스프키가 기여한 관념이 없었다면 상대성의 일반이론은 아마도 미숙한 단계에서 크게 벗어나지 못했을 것이다. 민코프스키의 작업은 수학에 숙련되지 못한 사람이라면 누구나 접근하기가 어려운 것인 게 틀림없다. 그러나 상

---

[27] 부록 02에 있는 보다 자세한 논의를 참고하라.

대성의 특수이론이나 일반이론의 기본적인 관념을 이해하기 위해서 민코프스키의 작업을 매우 정확하게 파악해야 할 필요는 없다. 따라서 나는 여기서는 이 정도로 그것에 대한 설명을 마치고, 나중에 2부의 끝부분에 가서나 그것을 다시 거론하겠다.

2부
상대성의 일반이론

18 상대성의 특수원리와 일반원리

우리가 앞에서 고찰한 것들 모두에 중심축이 된 기본원리는 상대성의 특수원리, 즉 모든 등속운동이 물리적 상대성을 갖는다는 원리였다. 그 의미를 주의 깊게 한 번 더 분석해보자.

상대성의 특수원리가 우리에게 전해주는 관념의 관점에서 보면 모든 운동은 상대적인 운동으로만 간주돼야 한다는 것이 어느 경우에나 분명했다. 우리가 앞에서 자주 이용한 둑과 기차의 예를 다시 들여다보면 이제 우리는 그 예 속의 운동이 다음과 같은 두 가지 형태로 일어나며, 그 두 가지 형태의 운동은 똑같이 정당화된다고 말할 수 있다.

(a) 기차가 둑을 기준으로 운동 중이다.
(b) 둑이 기차를 기준으로 운동 중이다.

운동에 대한 우리의 진술에서 기준체의 역할을 하는 것은 (a)에서는 둑이고 (b)에서는 기차다. 단지 관련이 있는 운동을 검출하거나 묘사하는 것만이 문제라면 우리가 어떤 기준체를 운동의 기준으로 보느냐 하는 것은 원리상 중요하지 않다. 이 점은 앞에서 이미 이야기했듯이 자명하다. 그러나 이 점을 우리가 탐구의 토대로 삼은 진술, 즉 '상대성의 원리'로 불리는 훨씬 더 포괄적인 진술과 혼동해서는 안 된다.

우리가 지금까지 이용해온 원리가 주장하는 바는 어떤 사건에 대해서든 그것을 묘사하는 데서 우리의 기준체로 기차를 선택할 수도 있고 둑을 선택할 수도 있다(이도 역시 자명하다)는 것만이 아니다. 우리의 원리는 더 나아가 다음과 같이 주장한다는 점이 오히려 더 중요하다. 우리가 다음 두 가지 방식으로 일반적인 자연법칙을 그것이 경험에서 얻어진 대로 공식화한다고 가정해보자.

(a) 둑을 기준체로 해서.
(b) 기차를 기준체로 해서.

그러면 일반적인 자연법칙(예를 들어 역학의 법칙이나 진공 속 빛 전파의 법칙)은 두 가지 방식 가운데 어느 방식으로 공식화해도 정확하게 똑같은 형식이 된다. 이는 다음과 같이 바꿔 표현할 수도 있다. 자연과정에 대한 물리적 묘사에서는 기준체 K와 K' 가운데 어느 하나가 다른 하나에 비해 독특하지 않다(말 그대로 '특별히 두드러지지 않다'). 방금 한 두 개의 진술 가운데 앞의 진술과 달리 뒤의 진술은 반드시 선험적으로 성립해야 하는 것도 아니다. 뒤의 진술은 '운동'과 '기준체'라는 개념에 내포된 것이 아니고 그런 개념에서 도출되는 것도 아니다. 오직 경험만이 그 진술의 옳고 그름에 대해 판정해줄 수 있다.

그러나 우리는 지금까지 자연법칙의 공식화와 관련해 모든 기준체 K의 동등성을 전혀 주장하지 않았다. 우리가 밟아온 길은 다음과 같은 경로에 더 가깝다. 먼저 우리는 하나의 기준체 K가 존재하는데 그것의 운동상태는 그것을 기준으로 갈릴레이 법칙이 성립하도록 돼있다는 가정에서 출발했다. 그리고 자유롭게 방치된 입자가 다른 모든 입자로부터 충분히 멀리 떨어져 있으면 그 입자는 등속직선 운동을 한다. K(갈릴레이 기준체)를 기준으로 보면 자연법칙은 최대한 간단해진다. 그러나 이런 의미에서는 K뿐만 아니라 다른 모든 기준체 K'도 선호될 수 있고, K'는 K를 기준으로 비회전 등속직선 운동을 하는 상태에 있는 한 자연법칙의 공식화에서 K와 정확하게 동등할 것이다. 그러므로 기준체 K와 K'가 모두 다 갈릴레이 기준체로 간주돼야 한다. 상대성의 원리는 이들 기준체에 대해서만 타당하다고 가정될 뿐이고 다른 기준체들(예를 들어 다른 종류의 운동을 하는 기준체)에 대해서는 타당하다고 가정되지 않는다. 우리가 상대성의 '특수' 원리나 상대성의 '특수' 이론을 이야기하는 것은 바로 이런 의미에서다.

이와 대조적으로 '상대성의 일반원리'라는 말로 우리가 이해하고자 하는 것은 다음과 같은 진술이다. 모든 기준체 K, K' 등은 그 운동상태가 어떠한가와 무관하게 자연현상의 묘사(일반적 자연법칙의 공식화)에서 동등하다. 그런데 여기서 더 앞으로 나아가기 전에 지적해두어야 할 것이 있다. 그것은 방금 제시한 공식화는 나중에 가서는 그때의 단계에서 자명해지게 될 이유로 보다 추상적인 공식화로 대체돼야 한다는 것이다.

상대성의 특수원리를 도입하는 것이 정당화된 뒤로 일반화를 추구하는 지성을 가진 사람들은 모두 상대성의 일반원리를 향해 나아가는 시도를 해보자는 유혹을 느꼈을 것이 틀림없다. 그러나 간단하고 겉보기에 믿을 만한 하나의 고찰이 어쨌든 지금 당장에는 그러한 시도를 해서 성공하리라는 희망이 거의 없음을 시사하는 것으로 보인다. 우리 자신이 일정한 속도로 달리는 우리의 친한 친구인 기차에 탔다고 상상해보자. 기차가 등속운동을 하는 한 그 기차에 타고 있는 사람은 기차의 운동을 감지하지 못한다. 그리고 이런 이유에서 그 사람은 그런 경우에 관찰되는 사실을 '기차는 정지상태에 있고 둑이 운동하고 있음을 말해주는 것'이라고 주저 없이 해석할 수 있다. 게다가 상대성의 특수원리에 따르면 이런 해석이 물리적인 관점에서도 완전히 정당화된다.

이제 기차의 운동이 예를 들어 제동장치를 강력하게 작동하는 것에 의해 비등속운동으로 전환한다고 가정하면 기차에 타고 있는 사람은 그에 상응하는 정도로 강하게 앞으로 쏠리는 경험을 하게 될 것이다. 운동의 속도가 느려지는 것은 기차에 탄 사람을 기준으로 한 물체들의 역학적 동태에서 드러난다. 그 역학적 동태는 앞에서 살펴본 경우의 역학적 동태와 다르며, 이런 이유에서 동일한 역학의 법칙이 정지상태에 있거나 등속운동을 하는 기차를 기준으로 할 때 성립한 것과 같이 비등속운동을 하는 기차를 기준으로 해서도 성립하는 것이 불가능해 보일 것이다. 어쨌든 비등속운동을 하는 기차를 기준으로 하면 갈릴레이 법칙이 성립하지 않는 것이 분명하다. 이 때문에 우리는 지금의 단계에서는 상대성의 일반원리와는 반대로 비등속운동을 일종의 절대적인 물리적 실재로 인정해야 한다는 압박을 느끼게 된다. 그러나 뒤에서 우리는 곧 이런 결론이 유지될 수 없음을 알게 될 것이다.

19 중력장

"우리가 돌을 하나 집어 든 다음에 손에서 놓으면 왜 그 돌이 땅으로 떨어질까?" 이 질문에 대한 통상의 답변은 "지구가 그것을 끌어당기기 때문"일 것이다. 현대의 물리학은 다음과 같은 이유에서 이 답변을 다소 다르게 공식화한다. 전자기 현상에 대한 보다 주의 깊은 연구의 결과로 우리는 원격작용(遠隔作用)을 '무엇인가 중간의 매질이 개입하지 않고서는 불가능한 과정'으로 간주하게 됐다. 예를 들어 자석이 한 조각의 철을 끌어당긴다면 우리는 이를 '자석이 중간의 빈 공간을 통해 철에 직접 작용했다는 의미'로 간주하는 데 만족할 수 없고, 패러데이의 방식을 좇아 자석이 언제나 자기 주위의 공간에 무엇인가 물리적으로 실재하는 것, 즉 우리가 '자기장'이라고 부르는 어떤 것이 생겨나게 한다고 상상해야 한다고 느낀다. 그 다음에는 이 자기장이 철 조각에 작용하고, 그래서 철 조각이 자석 쪽으로 움직이려고 한다고 생각하는 것이다. 사실 다소 자의적인 이런 부수적 개념을 정당화하는 논거를 여기서 논의하지는 않겠다. 우리는 단지 자기장이라는 개념이 없는 경우에 비하면 그 개념의 도움을 받을 경우에 전자기 현상이 훨씬 더 만족스럽게 이론적으로 표현될 수 있으며, 이는 특히 전자기파의 전파에 잘 적용된다는 점만 언급해두자.

중력의 효과도 이와 비슷한 방식으로 다뤄진다. 돌에 대한 지구의 작용은 간접적으로 일어난다. 지구는 자신의 주위에 중력장을 만들어내고, 중력장은 돌에 작용해서 낙하라는 돌의 운동을 만들어낸다. 우리가 경험으로부터 알고 있듯이 어떤 물체에 대한 이런 작용의 세기는 우리가 지구로부터 점점 더 멀어진다고 할 때 어떤 대단히 명확한 법칙에 따라 감소한다. 우리의 관점에서 말하면 이는 곧 다음과 같은 의미다.

중력의 작용을 가하는 물체로부터의 거리가 멀어짐에 따라 중력의 작용이 감소함을 정확하게 표현하기 위해서는 공간 속 중력장의 속성을 지배하는 법칙이 완전히 명확한 것이어야 한다. 그 법칙은 다음과 같은 어떤 것이다. 물체(예컨대 지구)가 자기와 직접적으로 인접한 곳에 하나의 장을 만들어낸다. 그리고 그 물체로부터 멀리 떨어진 점에서 중력장이 갖는 세기와 방향은 중력장 그 자체의 공간 속 속성을 지배하는 법칙에 의해 결정된다.

전기장 및 자기장과는 대조적으로 중력장은 대단히 주목할 만한 속성을 드러내며, 그 속성은 다음과 같은 이유에서 근본적인 중요성을 갖는다.

하나의 중력장으로부터만 영향을 받는 운동 중인 물체는 가속을 받게 되는데, 그 가속은 그 물체의 물질적 상태나 물리적 상태에 전혀 의존하지 않는다. 예를 들어 한 조각의 납과 한 조각의 나무는 중력장(진공 속의) 속에서 정지상태에 있다가 떨어지기 시작하거나 처음에 떨어지는 속도가 똑같은 상태에서 계속 떨어진다면 서로 정확하게 똑같은 방식으로 떨어진다.

대단히 정확하게 들어맞는 이 법칙은 다음과 같은 고찰에 따라 다른 형태로도 표현할 수 있다. 뉴턴의 운동법칙에 따라 우리는 다음과 같음을 알고 있다.

(힘) = (관성질량) × (가속도)

여기서 '관성질량'은 가속되는 물체의 특성을 나타내는 상수다. 중력이 가속도의 원인이라면 이 식은 다음과 같이 된다.

(힘) = (중력질량) × (중력장의 세기)

여기서 '중력질량'도 마찬가지로 가속되는 물체의 특성을 나타내는 상수다. 이 두 개의 관계식으로부터 다음과 같은 관계식을 얻을 수 있다.

$$(가속도) = \frac{(중력질량)}{(관성질량)} \times (중력장의 세기)$$

이제 우리가 경험으로부터 알게 된 바대로 가속도가 가속되는 물체의 성질이나 상태와 무관하고 일정하게 주어진 중력장에 대해 항상 똑같으려면 관성질량에 대한 중력질량의 비율도 마찬가지로 모든 물체에 대해 똑같아야 한다. 따라서 단위를 적절하게 선택하는 것에 의해 우리는 그 비율을 1과 같게 만들 수 있다. 그러므로 우리는 다음과 같은 법칙을 얻게 된다.

물체의 중력질량은 그 관성질량과 같다(동등하다).

역학에서 이 중요한 법칙에 대한 기록이 그동안에도 있었던 것은 사실이지만, 그것이 해석된 적은 없다. 이 법칙에 대한 만족스러운 해석은 우리가 다음과 같은 사실을 인식해야만 얻어질 수 있다.

물체의 동일한 성질이 상황에 따라 '관성'으로 나타나기도 하고 '중력'(말 그대로 '무게')으로 나타나기도 한다.

다음 절에서 우리는 이것이 어느 정도나 실제로 들어맞는지, 그리고 이 문제가 상대성의 일반적 공리와 어떻게 연결되는지를 보이고자 한다.

20 상대성의 일반적 공리를 뒷받침하는 관성질량과 중성질량의 동등성

항성을 비롯해 감지되는 다른 질량으로부터 아주 멀리 떨어진 커다란 하나의 빈 공간 부분을 상상해보자. 그러면 기본적인 갈릴레이 법칙이 요구하는 상태와 거의 비슷한 상태가 우리 눈앞에 펼쳐져 있게 된다.

그렇다면 우리는 그 한 부분의 공간(세계)에 대한 하나의 갈릴레이 기준체, 즉 그것을 기준으로 해서 보면 정지상태에 있는 점은 계속해서 정지상태에 있고 운동 중인 점은 영구적으로 계속해서 등속직선 운동을 하게 되는 기준체를 선택할 수 있다. 기준체라는 말로 우리가 가리키는 것은 방과 비슷한 모양의 커다란 상자이며, 그 안에 측정장비를 갖춘 관찰자가 들어있다고 상상하자. 이 관찰자에게 중력은 당연히 존재하지 않는다. 따라서 그는 끈으로 자기 몸을 바닥에 묶어두어야 한다. 이렇게 하지 않으면 바닥에 조금이라도 충격이 가해지면 그로 인해 그는 서서히 위로 움직여 방의 천장에 가 닿게 될 것이다.

상자 뚜껑의 바깥쪽 한가운데에 로프가 매달린 고리가 붙여져 있고, 이제 어떤 '존재'(어떤 종류의 존재인지는 우리에게 중요하지 않다)가 일정한 힘으로 로프를 붙잡고 끌어당기기 시작한다. 이에 따라 상자가 그 안에 들어있는 관찰자와 함께 '위쪽'으로 등가속도 운동을 하며 올라가기 시작한다. 시간이 흐르면서 그 속도가 들어본 적이 없을 정도로 큰 값에 이르게 된다. 물론 우리가 그 모든 것을 로프로 끌어당겨지고 있지 않은 또 다른 기준체로부터 바라본다고 가정할 때 그렇다는 말이다.

그런데 상자 안에 있는 사람은 그 과정을 어떻게 볼까? 상자의 가속은 상자 바닥의 반응에 의해 그 사람에게 전달될 것이다. 따라서 그는 넘어져서 바닥에 납작하게 눕게 되지 않으려면 두 다리로 그 압력을 버텨내야 한다. 그래서 그는 우리의 지구 위에 세워진 집의 방 안에 서 있는 여느 사람과 정확하게 똑같은 방식으로 상자 안에 서 있게 될 것이다. 만약 그가 손에 들고 있던 물체를 놓는다면 상자의 가속이 더 이상 그 물체에 전달되지 않게 되고, 이런 이유에서 그 물체는 가속되는 상대적 운동에 의해 상자 바닥으로 떨어질 것이다. 관찰자는 더 나아가 이런 실험에서 어떤 종류의 물체를 사용하더라도 상자 바닥으로 떨어지는 물체의 가속도는 언제나 똑같은 크기일 것이라고 확신하게 될 것이다.

따라서 상자 안의 그 사람은 중력장에 대한 자신의 지식(앞의 절에서 논의된 대로의)에 의거해 자신과 상자가 시간에 대해 일정한 중력장 속에 있다는 결론에 도달할 것이다. 물론 그는 그 중력장 속에서 상자가 왜 떨어지지 않는지에 대해 잠시 어리둥절해 할 것이다. 그러나 곧바로 그는 상자 뚜껑의 한가운데에 부착된 고리와 거기에 걸린 로프를 발견하게 되고, 그 결과로 그는 그 중력장 속에서 상자가 정지상태로 유지되도록 매달려 있다는 결론에 이르게 된다.

우리는 그 사람을 바라보고 미소를 지으면서 그의 결론은 잘못된 것이라고 말해주어야 할까? 우리가 일관성을 유지하려면 그래서는 안 된다고 나는 믿는다. 오히려 우리는 상황을 파악하는 그의 방식이 이성적 추리에서 벗어나지도 않았고 알려진 역학의 법칙에 어긋나지도 않았음을 인정해야 한다. 처음에 상정된 '갈릴레이 공간'을 기준으로 상자가 가속되고 있다고 하더라도 우리는 상자가 정지상태에 있다고 생각할 수 있다. 그렇다면 우리는 서로에 대해 가속되고 있는 기준체들을 내포하도록 상대성의 원리를 확장시킬 좋은 토대를 얻게 된 셈이고, 그 결과로 상대성의 일반화된 공리를 뒷받침하는 강력한 근거를 확보하게 된 것이다.

이런 식의 해석이 가능한 것은 모든 물체에 똑같은 가속도를 부여하는 중력장의 기본적인 성질, 또는 결국은 같은 말이지만 관성질량과 중력질량은 동등하다는 법칙이 있기 때문이라는 점을 우리는 신중하게 주목해야 한다. 만약 이런 자연법칙이 존재하지 않았다면 가속되는 상자 안에 있는 사람은 자기 주위의 물체가 보여주는 동태를 중력장의 가정 위에서 해석할 수 없었을 것이고, 그가 자신의 기준체가 '정지상태'에 있다고 가정하는 것이 경험에 근거해 정당화될 수 없었을 것이다.

그 사람이 상자 뚜껑의 안쪽에 로프의 한 끝을 고정시키고 다른 한 끝에 어떤 물체를 매달아 놓는다고 가정하자. 그러면 그렇게 한 결과로 로프가 팽팽해지면서 아래쪽을 향해 '수직'으로 늘어지게 될 것이다. 로프가 팽팽해지게 한 장력(張力)의 원인에 대해 의견을 말해달라고 상자 안에 있는 그 사람에게 요구하면 그는 이렇게 대답할 것이다. "매달린 물체는 중력장 속에서 밑으로 향하는 힘을 경험하고, 그 힘은 로프의 장력에 의해 중화된다. 로프의 장력의 크기를 결정하는 것은 매달린 물체의 중력질량이다." 다른 한편으로 공간 속에 자유롭게 자리 잡고 있는 관찰자는 그런 상태를 이렇게 해석할 것이다. "로프는 필연적으로 상자의 가속되는 운동에 동참할 수밖에 없고, 자기에게 매달린 물체에 그 운동을 전달한다. 로프의 장력은 그 물체가 그러한 가속도를 갖게 하기에 꼭 알맞은 정도의 크기를 갖는다. 로프의 장력의 크기를 결정하는 것은 그 물체의 관성질량이다."

이 사례의 인도를 받으면 우리가 상대성의 원리를 확장하면 거기에 관성질량과 중력질량이 같다는 법칙의 필연성이 내포돼야 함을 알 수 있다. 이리하여 우리는 관성질량과 중력질량이 같다는 법칙에 대한 물리적 해석을 얻게 된 셈이다.

우리는 가속되는 상자에 대한 고찰로부터 상대성의 일반이론은 중력의 법칙에 관한 중요한 결과를 낳아주는 게 틀림없음을 알게 됐다. 사실 상대성이라는 일반적인 개념에 대한 체계적인 탐구가 중력장에 의해 충족되는 법칙들을 가져다주었다. 그러나 여기서 더 나아가기 전에 이런 고찰이 초래할 수 있는 잘못된 관념을 경계해야 함을 독자에게 경고해야겠다. 애초에 선택된 좌표계에는 중력장과 같은 것이 없었다는 사실에도 불구하고 상자 안의 사람에게는 중력장이 존재한다. 그래서 우리는 중력장의 존재는 언제나 단지 겉보기만의 것이라고 쉽게 가정할 수 있다. 또한 우리는 존재하는 중력장이 어떤 종류인지와는 무관하게 언제나 중력장이 없는 다른 기준체, 즉 그것을 기준으로 하면 중력장이 존재하지 않게 되는 기준체를 선택할 수 있으리라고 생각할 수 있다. 이런 생각은 결코 모든 중력장에 대해 참이 아니며, 단지 매우 특수한 형태의 중력장에 대해서만 참이다. 예를 들어 미지의 어떤 기준체를 기준으로 판단하면 지구의 중력장이 없어지리라(통째로)고 생각하고 그러한 기준체를 찾아내어 선택하는 것은 불가능하다.

이제 우리는 18절의 끝부분에서 상대성의 일반원리에 반대되는 내용으로 제시된 논증이 왜 설득력이 없는지를 이해할 수 있다. 기차의 제동장치가 가동되면 그 결과로 기차 안에 있는 관찰자는 앞으로 몸이 쏠리는 경험을 하게 되고, 그래서 그는 이 경우에 기차가 비등속(감속)운동을 한다고 인식하게 되는 것은 틀림없이 옳다. 그러나 그로 하여금 그러한 몸의 쏠림을 기차가 '실제로' 가속(감속)되는 것과 연관시키도록 강요하는 사람은 아무도 없다. 그는 자신의 그런 경험을 이렇게 해석할 수도 있다. "나의 기준체(기차)는 영구적으로 정지상태에 있다. 그러나 그것을 기준으로 하여 앞쪽으로 향하고 시간에 따라 변화하는 중력장이 존재한다(제동장치가 가동되는 동안에). 이런 중력장의 영향을 받아 둑은 지구와 함께 뒤쪽으로 향한 그 둘의 원래 속도가 계속해서 줄어드는 식으로 비등속운동을 한다."

21 고전역학과 상대성 특수이론의 토대는 어떤 측면에서 만족스럽지 못한가?

고전역학은 다음과 같은 법칙에서 출발한다는 점을 우리는 이미 여러 차례 말했다.

다른 물질입자들과 충분히 멀리 떨어진 물질입자는 계속해서 등속직선 운동을 하거나 계속해서 정지상태에 있다.

우리는 이 기본법칙이 어떤 독특한 운동상태를 갖고 있고 서로에 대해 등속병진 운동을 하는 기준체 K들에 대해서만 타당하게 성립될 수 있다는 점도 거듭 강조했다. 이와 다른 기준체 K들에 대해서는 이 법칙이 타당하지 않다. 따라서 우리는 고전역학과 상대성의 특수이론 둘 다에서 기준체들을 두 종류로 구별하는데, 한 종류는 그것을 기준으로 하면 '자연법칙'이 성립한다고 말할 수 있다고 인식되는 기준체 K들이고 다른 한 종류는 그것을 기준으로 하면 '자연법칙'이 성립하지 않는 기준체 K들이다.

그러나 사고방식이 논리적인 사람이라면 아무도 이런 논의의 상태에 만족하고 거기에 머무를 수 없다. 그런 사람은 이렇게 질문할 것이다. "어떤 기준체(또는 그 기준체의 상태)가 다른 기준체들(또는 그 기준체들의 상태)보다 선호되는 것은 왜 그런가? 이런 선호에 근거가 되는 이유는 무엇인가?" 이 질문의 의미가 무엇인지를 분명하게 하기 위해 하나의 비교를 해보겠다.

나는 지금 가스레인지 앞에 서 있다. 가스레인지 위에 두 개의 냄비가 나란히 놓여 있다. 그 두 개의 냄비는 분간할 수 없을 정도로 서로 아주 비슷한 모양이고, 둘 다에 물이 가득 채워져 있다. 나는 그 가운데 하나의 냄비에서는 수증기가 끊임없이 나오지만 다른 하나의 냄비에서는 수증기가 나오지 않는다는 사실을 알게 된다. 나는 이런 사실에 놀란다. 내가 이전에 가스레인지나 냄비를 본 적이 없다고 해도 놀라기는 마찬가지일 것이다.

그런데 내가 수증기가 나오는 냄비의 밑에 푸르스름한 색깔의 빛을 내는 무엇인가가 있는 반면에 수증기가 나오지 않는 냄비의 밑에는 그런 것이 없음을 알게 된다면 비록 내가 이전에 가스불꽃을 본 적이 없다고 하더라도 더 이상 놀라지 않을 것이다. 왜냐하면 나는 그 푸르스름한 무엇인가가 냄비에서 수증기가 나오게 하는 원인이라고, 또는 적어도 그런 원인일 가능성이 있다고 말할 수 있게 되기 때문이다. 그러나 만약 내가 두 냄비 가운데 어느 것의 밑에서도 푸르스름한 무엇인가를 발견하지 못했는데도 하나의 냄비에서는 수증기가 계속 나오는 반면에 다른 하나의 냄비에서는 수증기가 나오지 않음을 관찰하게 된다면 나는 두 냄비의 상이한 동태의 원인으로 지목할 만한 다른 어떤 상황을 발견하게 되기 전에는 놀라움을 거두지 못하고 불만족한 상태에 머물러 있게 될 것이다.

이와 비슷하게 나는 기준체 K와 K'를 각각 기준으로 한 물체의 동태가 상이하게 되게 하는 원인으로 지목할 만한 어떤 실제적인 것을 고전역학(또는 상대성의 특수이론) 안에서 찾으려고 했지만 찾지 못했다. 뉴턴은 이런 반대논거[28]가 있음을 알고 그것이 타당하지 않음을 증명하려고 했으나 성공하지 못했다. 그런데 마흐(E. Mach)[29]는 이런 점을 누구보다 분명하게 인식했고, 바로 이런 반대논거 때문에 역학을 어떤 새로운 토대 위에 다시 세워야 한다고 주장했다. 이런 반대논거는 상대성의 일반원리에 부합하는 물리학에 의해서만 기각될 수 있다. 왜냐하면 그러한 물리학 이론의 연립방정식은 모든 기준체에 대해 그 운동상태가 어떠하든 성립하기 때문이다.

---

[28] 예를 들어 기준체가 등속회전 운동을 하는 경우와 같이 기준체의 운동상태가 그것이 유지되는 데 외부의 작용을 전혀 필요로 하지 않는 성격일 때에 특히 이런 반대논거가 중요하다.
[29] (역주) 에른스트 마흐(Ernst Mach). 1838~1916. 오스트리아의 물리학자, 철학자.

22 상대성의 일반원리에서 추리되는 몇 가지 결론

20절의 고찰은 상대성의 일반원리가 우리로 하여금 중력장의 속성을 순전히 이론적인 방식으로 도출할 수 있는 입장이 되게 해줌을 보여준다. 예를 들어 어떤 자연과정이든 그것이 갈릴레이 기준체 K를 기준으로 한 갈릴레이 영역에서 어떤 방식으로 일어나는가와 관련해 그 공간-시간 '경로'를 우리가 안다고 가정해보자. 그러면 우리는 순전히 이론적인 연산에 의해 (즉 단순히 계산에 의해) 기준체 K를 기준으로 가속되는 기준체 K'를 기준으로 하고 볼 때 그 알려진 자연과정이 어떻게 보이는지를 알아낼 수 있다. 그런데 여기서 새로운 기준체 K'를 기준으로 중력장이 존재하므로 우리의 고찰은 우리가 관찰하는 자연과정에 중력장이 어떤 영향을 미치는지도 우리에게 알려줄 것이다.

예를 들어 우리는 K를 기준으로 등속직선 운동을 하는 상태에 있는(갈릴레이 법칙에 따르는) 물체는 가속되는 기준체 K'(상자)를 기준으로 가속되는 동시에 일반적으로 곡선을 그리는 운동을 한다는 것을 알게 된다. 그 가속도나 곡률은 K를 기준으로 존재하는 중력장이 운동하는 물체에 미치는 영향에 대응한다. 중력장이 이런 식으로 물체의 운동에 영향을 미친다는 것은 이미 알려져 있고, 따라서 우리의 고찰은 우리에게 본질적으로 새로운 것은 아무것도 가져다주지 않는다.

그러나 우리가 광선에 대해 유사한 고찰을 한다면 근본적으로 중요한 새로운 결과를 얻게 된다. 갈릴레이 기준체 K를 기준으로 광선은 속도 c로 직선으로 전파된다. 그런데 우리가 가속되는 상자(기준체 K')를 기준으로 같은 광선을 고찰하면 그 광선의 경로가 더 이상 직선이 아님을 쉽게 증명할 수 있다. 이로부터 우리는 일반적으로 광선은 중력장 속에서 곡선으로 전파된다는 결론을 얻게 된다. 이 결과는 두 가지 측면에서 매우 중요하다.

첫째로, 그것은 실제 현상과 비교할 수 있는 것이다. 이 문제를 자세히 살펴보면 우리가 실제로 찾아볼 수 있는 중력장에 비해 상대성의 일반이론이 요구하는 광선의 곡률이 극히 작다는 사실을 알게 되지만, 그럼에도 불구하고 광선이 태양의 가장자리를 스칠 때 편향되는 각도를 추정해보면 그 크기가 1.7초(seconds of arc)임을 알 수 있다. 이는 다음과 같은 방식에 의해 알아낼 수 있다. 지구 위에서 바라보면 어떤 항성은 태양의 바로 옆에 있는 것으로 보이며, 따라서 그런 항성은 개기일식이 일어날 때 우리가 관찰할 수 있다. 그러한 때에 그런 항성은 태양이 하늘의 다른 부분에 있을 때 우리에게 보일 그것의 위치에 비해 태양에서 먼 쪽으로 앞에서 이야기한 정도만큼 벗어난 위치로 옮겨간 것처럼 보일 것이 틀림없다. 이와 같은 추정의 정확성에 대한 검증, 또는 이와 같은 추론에 대한 검증은 대단히 중요한 문제이며, 따라서 천문학자들이 이 문제를 조기에 해결해주기를 기대

---

30 (역주) 영국 학술원-천문학회 공동위원회의 지원 아래 두 차례 파견된 원정조사대가 촬영한 항성의 사진에 의해 이론이 요구하던 빛의 편향이 실제로 존재함이 1919년 5월 29일의 일식 때 처음으로 확인됐다(부록 03 참조).

한다.³⁰

둘째로, 우리의 결과는 상대성의 특수이론이 전제하는 두 개의 기본적인 가정 가운데 하나로서 우리가 앞에서 여러 차례 언급한 '진공 속 빛의 속도는 일정하다'는 법칙이 상대성의 일반이론에 따르면 무제한으로 타당하다는 주장을 더 이상 할 수 없음을 보여준다. 광선의 구부러짐은 빛이 전파되는 속도가 위치에 따라 달라져야만 일어날 수 있다. 그 결과로 상대성의 특수이론은 폐기될 처지가 됐고, 이와 더불어 상대성의 이론 전부도 폐기될 것이라고 이제 우리는 생각하게 될 수 있다.

그러나 사실은 그렇지 않다. 우리는 단지 상대성의 특수이론이 타당하게 성립하는 영역이 무제한하다고 주장할 수 없다는 결론만을 내릴 수 있다. 상대성의 특수이론에 따라 얻은 결과는 우리가 현상(예를 들어 빛이라는 현상)에 대한 중력장의 영향을 무시할 수 있는 영역에서만 타당하게 성립한다.

상대성의 이론에 반대하는 사람들이 상대성의 특수이론은 상대성의 일반이론에 의해 전복됐다고 종종 주장해왔으므로 적절한 비교를 통해 이 문제와 관련된 사실들을 보다 분명하게 하는 것이 아마도 바람직할 것이다. 전기역학이 발전하기 전에는 정전기학의 법칙이 곧 전기의 법칙으로 간주됐다. 지금은 우리가 전기질량들이 서로에 대해, 그리고 좌표계에 대해 완전한 정지상태에 있는 경우에만 정전기학에 입각한 고찰로부터 전기장이 정확하게 도출될 수 있음을 알고 있다. 그런데 이런 경우는 엄밀하게는 결코 실현될 수 없다. 이런 이유에서 우리가 정전기학은 전기역학에서 맥스웰이 수립한 장의 연립방정식에 의해 전복됐다고 말하는 것이 정당화될 수 있을까? 전혀 그렇지 않다.

정전기학은 전기역학의 한 극한의 경우로 그 안에 포함된다. 즉 장이 시간에 대해 불변인 경우에는 전기역학의 법칙이 곧바로 정전기학의 법칙이 된다. 어떤 물리이론에 대해서든 그것이 스스로 보다 포괄적인 이론으로 나아가는 길을 가리켜 보여준 뒤에 그 포괄적인 이론 안에서 그 한 극한의 경우로 존속하게 되는 것보다 더 공정한 운명을 부여할 수는 없을 것이다.

방금 다룬 빛의 전파에 관한 사례에서 우리가 알게 된 것은 중력장이 없는 상태에서 일어나는 어떤 자연과정의 법칙을 이미 안다면 중력장이 그런 자연과정의 경위에 미치는 영향은 상대성의 일반이론 덕분에 이론적으로 도출할 수 있게 됐다는 점이다. 그러나 가장 관심을 끄는 문제이자 상대성의 일반이론이 해법의 열쇠를 제공하는 문제는 중력장 그 자체에 의해 충족되는 법칙에 대한 탐구와 관련된 것이다. 이런 문제를 잠깐 고찰해보자.

기준체를 적절하게 선택해주면 '갈릴레이' 적 동태를 보이는(근사적으로) 공간–시간 영역, 즉 중력장이 없는 영역은 우리에게 익숙하다. 이제 우리가 어떤 종류의 운동이든 운동을 하는 K'를 그러한 영역의 기준체로 삼아보자. 그러면 K'를 기준으로 할 때 공간과 시간에 대해 변화하는 중력장이 존재하게 된다.[31] 이 중력장의 특성은 물론 선택된 K'가 어떤 운동을 하느냐에 따라 다르다. 상대성의 일반이론에 따르면 이런 방식으로 얻게 되는 중력장들 모두에 대해 중력장의 일반법칙이 성립한다. 모든 중력장이 이런 방식으로 생겨나게 할 수 있는 것은 결코 아니지만, 이제 우리는 특수한 종류의 그러한 중력장으로부터 중력의 일반법칙을 도출할 수 있으리라는 기대를 품을 수 있게 됐다. 그리고 이런 기대는 가장 아름다운 방식으로 실현됐다. 그러나 이와 같은 목표에 대한 분명한 전망과 그

---

[31] 이는 20절의 논의를 일반화하면 도출된다.

실제의 실현 사이에서 심각한 난점을 극복해야 할 필요가 있었고, 그 난점은 사물의 뿌리에 깊숙이 자리 잡고 있기에 나는 감히 그것을 독자에게 숨기려고 하지 않겠다. 우리는 공간-시간 연속체에 대한 우리의 관념을 더욱 확장해야만 한다.

23 회전하는 기준체 위에서 시계와 잣대가 보이는 동태

지금까지 나는 상대성의 일반이론의 경우에 공간 데이터와 시간 데이터에 대한 물리적 해석에 관해 이야기하기를 의도적으로 삼갔다. 그 결과로 나는 다뤄야 할 것을 다소 엉성하게 다뤘다는 느낌을 갖게 됐다. 우리가 상대성의 특수이론에 입각해 생각해보면 알 수 있듯이 내가 그렇게 한 것은 결코 사소한 문제가 아니며 용서받을 수 있는 것도 아니기 때문이다. 이제 그와 같은 결함을 시정해야 할 때가 됐다. 다만 그러기에 앞서 이 문제는 독자에게 인내심과 추상적 사고능력을 적잖이 요구한다는 사실부터 먼저 말해두고자 한다.

우리가 앞에서 자주 이용한 매우 특수한 경우에서부터 출발하자. 적절한 운동상태에 있는 기준체 K에 대해 중력장이 존재하지 않는 공간-시간 영역을 생각해보자. 그러면 K는 우리가 검토하는 영역에 대해 하나의 갈릴레이 기준체가 되고, 상대성의 특수이론의 결과가 K에 대해 성립한다. 이제 K를 기준으로 등속회전 운동을 하는 또 하나의 기준체 K'를 기준으로 그 영역을 바라본다고 가정하자. 우리의 생각을 구체화하기 위해 K'는 원판의 형태로 돼있으며 그 한가운데를 중심으로 해서 그 자신이 놓인 평면 위에서 등속회전 운동을 하고 있다고 상상하자. 그러면 원판 K' 위에서 중심이 아닌 곳에 앉아있는 관찰자는 반지름의 바깥 방향으로 작용하는 힘을 느낄 것이고, 원래의 기준체 K를 기준으로 정지상태에 있었던 관찰자는 그 힘을 관성의 효과(원심력)라고 해석할 것이다. 그런데 원판 위의 관찰자는 그 원판을 '정지상태'에 있는 기준체로 간주할 수 있고, 상대성의 일반이론을 토대로 해서 생각하면 그가 그렇게 간주하는 것이 정당화된다. 그 자신에게 작용하는, 아니 사실은 그 원판을 기준으로 정지상태에 있는 모든 물체에 작용하는 힘을 그는 중력장의 효과로 간주하게 된다. 그렇지만 그 중력장의 공간분포는 중력장에 대한 뉴턴의 이론에 입각해서는 가능하지 않은 종류다.[32] 그러나 관찰자는 상대성의 일반이론을 믿기 때문에 이런 사실이 그를 혼란스럽게 만들지 않는다. 그가 별의 운동뿐만 아니라 그 자신이 경험한 힘의 장도 정확하게 설명해주는 중력의 일반법칙이 공식화될 수 있다고 믿는다면 그건 완전히 옳은 생각이다.

그 관찰자가 원판 위에서 시계와 잣대를 가지고 실험을 한다. 이렇게 하는 그의 의도는 원판 K'를 기준으로 시간 데이터와 공간 데이터가 갖는 의미에 대한 정의를 얻는 데 있고, 그러므로 그 정의는 그 자신의 관찰에 토대를 두게 될 것이다. 이런 시도에서 그는 어떤 경험을 하게 될까?

우선 그는 똑같은 구조로 만들어진 두 개의 시계 가운데 하나를 원판의 중심에 놓고 다른 하나를 원판의 가장자리에 놓는다. 따라서 두 개의 시계 모두 원판을 기준으로 정지상태에 있다. 이제 회전하지 않는 갈릴레이 기준체 K의 관점에서 볼 때 두 개의 시계가 같은 속도로 가겠느냐는 질문을

---

[32] 이 중력장은 원판의 중심에서는 사라지고, 우리가 그 중심에서 바깥쪽으로 벗어남에 따라 중심으로부터의 거리에 비례해 커진다.

우리 스스로에게 던져보자. 그러한 기준체를 기준으로 판단하면 원판의 중심에 놓인 시계는 속도가 영이지만, 원판의 가장자리에 놓인 시계는 원판이 회전하는 결과로 K를 기준으로 운동하게 된다. 12절에서 얻은 결과에 따르면 원판의 가장자리에 놓인 시계는 원판의 중심에 놓인 시계에 비해 영속적으로 느린 속도로 간다고 말할 수 있다. 이는 물론 K를 기준으로 관찰할 때 그렇다는 말이다. 어떤 관찰자가 원판의 중심에 놓인 자기 시계의 바로 옆에 붙어 앉아 있다고 상상해본다면 그 관찰자도 방금 말한 것과 똑같은 효과를 알아차리게 될 것이 분명하다. 따라서 우리의 원판 위에서는, 또는 이 경우를 보다 일반화해 말한다면 모든 중력장 속에서는 시계가 놓인(정지상태로) 위치에 따라 시계가 더 빨리 가거나 더 늦게 갈 것이다. 이런 이유 때문에 기준체를 기준으로 정지상태에 있게끔 놓인 시계의 도움을 받아서는 시간에 대한 합리적인 정의를 얻는 것이 가능하지 않다. 동시성에 대해 우리가 앞에서 내린 정의를 그러한 경우에 적용하려고 할 때에도 우리는 비슷한 난점에 부닥치게 된다. 그러나 나는 이 문제에 대해 더 깊이 들어가기를 원하지 않는다.

게다가 지금의 단계에서는 공간좌표에 대해 정의를 내리는 데도 극복하기 어려운 난점이 있다. 관찰자가 자신의 표준 잣대(원판의 반지름보다 짧은)를 원판의 가장자리에 접선의 방향으로 놓는다면 갈릴레이계를 기준으로 판단할 때 그 잣대의 길이는 1보다 작을 것이다. 왜냐하면 12절의 설명에 따르면 운동 중인 물체는 운동의 방향으로 축소되기 때문이다. 반면에 그의 잣대가 원판의 반지름과 같은 방향으로 놓인다면 K를 기준으로 판단할 때 그 잣대의 길이가 축소되지 않을 것이다. 그렇다면 그 관찰자가 자신의 잣대를 가지고 우선은 원판의 둘레를 측정하고 그 다음에는 원판의 지름을 측정한 뒤 앞의 측정값을 뒤의 측정값으로 나눠서 얻는 비율 값은 우리에게 익숙한 $\pi=3.14\cdots$가 아니라 이보다 더 큰 수일 것이다.[33] 물론 K를 기준으로 정지상태에 있는 원판에서 위와 같은 계산을 하면 정확하게 π와 같은 값을 얻게 될 것이다.

이런 결과는 적어도 우리가 어느 위치에 어떤 방향으로 잣대가 놓이든 그 길이가 1이라고 생각하는 한 회전하는 원판 위에서는, 그리고 일반적으로 말해 중력장 속에서는 유클리드 기하학의 명제들이 정확하게 성립할 수 없음을 증명한다. 그렇다면 직선이라는 개념도 그 의미를 잃는다. 따라서 우리는 상대성의 특수이론을 논의할 때 사용한 방법으로는 원판을 기준으로 한 좌표 x, y, z를 정확하게 정의할 입장에 있지 못하게 되고, 사건의 좌표와 시간이 정의되지 못하는 한 우리는 사건이 일어나는 데 틀이 되는 자연법칙에 정확한 의미를 부여할 수 없다.

이에 따라 앞에서 일반적인 상대성에 근거해 우리가 얻은 모든 결론이 의문의 대상이 되는 것처럼 보인다. 사실 우리가 일반적인 상대성의 공리를 정확하게 적용할 수 있으려면 미묘한 우회로를 거쳐야만 한다. 아래에 이어지는 몇 단락에서 나는 그 우회로에 대해 독자를 준비시키는 논의를 하려고 한다.

---

[33] 여기서 우리의 고찰 전체에서 우리는 갈릴레이계(회전하지 않는) K를 기준으로 삼아야 한다. 왜냐하면 우리는 K를 기준으로 해서만 상대성의 특수이론이 낳아주는 결과의 타당성을 가정할 수 있기 때문이다(K'를 기준으로 하면 중력장이 작용하게 된다).

24 유클리드 연속체와 비유클리드 연속체

내 앞에 대리석 탁자의 윗면이 펼쳐져 있다. 나는 이 탁자 위의 어느 점이든 거기서 출발해 '이웃한' 한 점으로 옮겨가기를 계속하되 이런 과정을 반복(수없이 많이)함으로써, 또는 달리 말해 점에서 점으로 옮겨가기를 거듭하되 '건너뛰기'는 하지 않음으로써 다른 어느 점에도 도달할 수 있다. 여기서 내가 사용한 '이웃한' 이라는 말과 '건너뛰기' 라는 말이 의미하는 바가 무엇인지를 독자는 충분히 분명하게 이해할 것이라고 나는 확신한다 (독자가 너무 현학적이지만 않다면). 우리는 면이 하나의 연속체라고 말하는 것을 통해 면의 이와 같은 특성을 표현한다.

이제 길이가 같은 작은 막대가 아주 많이 만들어졌고, 그 길이는 대리석판의 크기에 비해 짧다고 상상해보자. 모든 막대의 길이가 같다고 내가 한 말의 의미는 어느 두 개의 막대든 그 중 하나의 끝이 튀어나오지 않게 포개어 놓을 수 있다는 것이다. 이번에는 그 작은 막대들 가운데 네 개를 두 대각선의 길이가 같은 사변형(정사각형)의 모양을 이루도록 대리석 판 위에 늘어놓는다고 하자. 두 대각선의 길이가 같음을 확인하기 위해 작은 검증용 막대를 이용한다. 이 정사각형과 각각 하나의 막대를 변으로 공유하는 비슷한 정사각형 4개를 이 정사각형에 덧붙여 만들자. 이어 그 4개의 정사각형 각각에 대해서도 같은 방식으로 새로운 정사각형을 덧붙여 만들고, 이런 과정을 계속해서 마침내 대리석 판 전체가 정사각형들로 꽉 차게 한다고 하자. 이렇게 해놓고 보면 정사각형의 변은 각각 두 개의 정사각형에 속하고, 정사각형의 꼭짓점은 각각 네 개의 정사각형에 속한다.

우리가 큰 어려움에 부닥치지 않고 위와 같은 일을 할 수 있다는 것은 그야말로 놀라운 일이다. 우리는 다만 다음과 같은 사실만 염두에 두면 된다. 세 개의 정사각형이 어느 한 곳에서 만난 경우에는 언제나 네 번째 정사각형의 두 변이 이미 놓여 있는 상태가 되고, 그 결과로 나머지 두 변이 어떻게 놓여야 하는지가 이미 완전히 결정된 셈이 된다. 그런데 이제는 내가 대각선 두 개의 길이가 똑같게 되도록 그 사변형을 조정하는 일을 더 이상 할 수 없다. 만약 그 사변형의 대각선 두 개의 길이가 저절로 똑같게 됐다면 그것은 대리석 판과 작은 막대들이 특별한 호의를 베풀어준 덕분이며, 그렇게 된 것에 대해 나는 다만 고마워하며 놀라기만 할 수 있을 뿐이다. 위와 같이 막대를 배열하는 일이 성공적으로 마무리되기까지 우리는 그러한 놀라움을 여러 번 경험할 것이 틀림없다.

모든 일이 순조롭게 잘 진행됐다면 나는 대리석 판 위의 점들이 '거리(선간격)'로 사용된 작은 막대에 대해 유클리드 연속체가 된다고 말할 수 있다. 나는 어느 한 정사각형의 어느 한 꼭짓점을 '원점'으로 선택하고 그것을 기준으로 해서 다른 모든 정사각형의 꼭짓점 각각을 두 개의 숫자로 특정해 표현할 수 있다. 원점에서 출발해 '오른쪽'으로 한 칸 나아간 뒤 '위쪽'으로 한 칸 나아가는 일을 반복해서 우리가 주목하는 정사각형의 꼭짓점에 도달하기 위해서는 '오른쪽'과 '위쪽'으로 각각 몇 개의 막대를 거쳐야 하는지만 진술하면 된다. 이렇게 해서 얻은 두 개의 숫자가 작은 막대들의 배열에 의해 결정된 '데카르트 좌표계'를 기준으로 우리가 주목하는 꼭짓점의 '데카르트 좌표'가 된다.

이런 추상적인 실험에 다음과 같은 수정을 가해보면 우리는 그 실험이 성공하지 못하는 경우도 틀림없이 있을 수 있음을 인식하게 된다. 온도의 상승에 비례하는 길이만큼 막대가 '늘어난다'고 가정해보자. 우리가 대리석 판의 중앙 부분에만 열을 가하고 나머지 부분에는 열을 가하지 않는다고 하자. 이 경우에도 우리의 작은 막대들 가운데 두 개를 대리석 판 위의 어느 위치에서든 서로 일치하게끔 포개어 놓을 수 있을 것이다. 그러나 정사각형을 만들어가는 우리의 일은 대리석 판에 열이 가해지는 동안에 엉망이 되어버릴 수밖에 없다. 왜냐하면 대리석 판의 중앙 부분에 놓인 작은 막대는 길이가 늘어나지만 나머지 부분에 놓인 작은 막대는 길이가 늘어나지 않기 때문이다.

단위 길이로 정의된 우리의 작은 막대에 대해 대리석 판은 이제 더 이상 유클리드 연속체가 아니게 되고, 위에서 본 것과 같이 정사각형을 만들어가는 일이 이제는 불가능해졌으므로 우리가 작은 막대의 도움을 받아 곧바로 데카르트 좌표를 지정할 입장에 더 이상 있지 않게 된다. 그러나 대리석 판의 온도로부터 작은 막대가 영향을 받는 것과 비슷한 방식으로 영향을 받지 않는(또는 아마도 전혀 영향을 받지 않는) 다른 것들도 있기 때문에 대리석 판이 '유클리드 연속체'라는 관점을 유지하는 것이 완전히 자연스럽게 가능하다. 이런 관점의 유지는 측정 또는 길이의 비교에 대해 보다 미묘한 조건설정을 하는 것을 통해 만족스러운 방식으로 이루어질 수 있다.

그러나 만약 모든 종류의 막대가(즉 어떤 물질로 만들어진 막대이든) 가변적으로 가열되는 대리석 판 위에 놓일 때 그 온도의 영향에 대해 똑같은 방식의 동태를 보인다면, 그리고 만약 우리가 위에서 묘사된 것과 비슷한 실험에서 우리의 막대가 보여주는 기하학적 동태 말고는 온도의 효과를 검출해낼 다른 수단을 갖고 있지 않다면 우리가 채택할 수 있는 최선의 계획은 대리석 판 위의 두 점과 우리의 작은 막대 가운데 하나의 양쪽 끝이 일치하게 만들 수 있다고 가정할 때 그 두 점에 거리 하나를 배정하는 것이 될 것이다. 이렇게 하지 않는다면 과연 다른 어떤 방법으로 우리가 앞에서 진행한 과정을 엄청나게 자의적인 것이 되지 않게 하면서 거리를 정의할 수 있겠는가? 따라서 데카르트 좌표의 방법을 폐기하고, 강체에 대한 유클리드 기하학의 타당성을 가정하지 않는 뭔가 다른 좌표로 그것을 대체해야 한다.[34] 여기서 묘사된 상황은 상대성의 일반공리에 의해 제기된 상황(23절)에 대응한다는 사실을 독자는 나중에 알게 될 것이다.

---

[34] 수학자들은 우리의 문제를 다음과 같은 형태로 직면해왔다. 유클리드 3차원 공간에서 어떤 면(예를 들어 타원체의 표면)이 주어졌다면 어떤 평면에 대해서도 꼭 마찬가지로 그 면에 대해서도 2차원 기하학이 존재한다. 가우스(Gauss)는 그 면이 3차원의 유클리드 연속체에 속한다는 사실을 이용하지 않으면서도 이 2차원 기하학을 다루는 과제를 푸는 일에 나섰다. 그 면 위에 강체인 막대를 배열해 어떤 모양을 만든다고 하면(위에서 우리가 대리석 판 위에 했던 일과 비슷하게) 우리는 그 모양에 대해 성립하는 법칙이 유클리드 평면 기하학에 토대를 두고 도출된 법칙과 다르다는 것을 알게 될 것이다. 그 면은 막대에 대해 유클리드 연속체가 아니며, 우리는 그 면의 데카르트 좌표를 정의할 수가 없다. 가우스는 우리가 그 면 위의 기하학적 관계를 다룰 수 있게 해주는 원리를 제시했고, 이를 통해 다차원 비유클리드 연속체를 다루는 리만(Rieman)의 방법으로 나아가는 길을 가리켜 보여주었다. 상대성의 공리가 우리에게 제기하는 형식적 문제를 수학자들은 이미 오래전에 이처럼 풀어낸 것이다.

25 가우스 좌표

가우스[35]에 따르면 해석적 방법과 기하학적 방법을 결합해 앞에서 언급된 문제를 다루는 방법은 다음과 같이 도출해낼 수 있다. 탁자의 윗면에 그려진 임의의 한 곡선계(〈그림 4〉)를 상상해보자. 그 곡선계를 이루는 곡선을 u–곡선이라고 부르고, 각각의 곡선에 번호를 붙여주자.

그림에 곡선 $u=1, u=2, u=3$이 그려져 있다. 곡선 $u=1$과 곡선 $u=2$의 사이에 무한하게 많은 수의 곡선이 그려지며, 그 각각은 모두 1과 2 사이의 실수에 대응한다고 생각해야 한다. 그러면 우리는 u–곡선계를 갖게 되고, 이 '무한히 조밀한' 계가 탁자의 윗면 전체를 덮게 된다. 이 u–곡선들은 서로 교차하지 않는 것이어야 하고, 면 위의 각 점은 오직 단 하나의 곡선만 통과해야 한다. 이렇게 생각하면 대리석 판의 위에 있는 모든 점이 각각 완전히 확정적인 u의 값을 갖게 된다. 같은 방식으로 이번에는 그 면 위에 v–곡선계가 그려져 있다고 상상하자. 이것도 u–곡선계의 경우와 똑같은 조건을 충족시키고, 그 각각의 곡선에 u–곡선의 경우와 같은 방식으로 숫

---

[35] (역주) 카를 프리드리히 가우스(Carl Friedrich Gauss). 1777~1855. 독일의 수학자, 물리학자.

⟨그림 4⟩

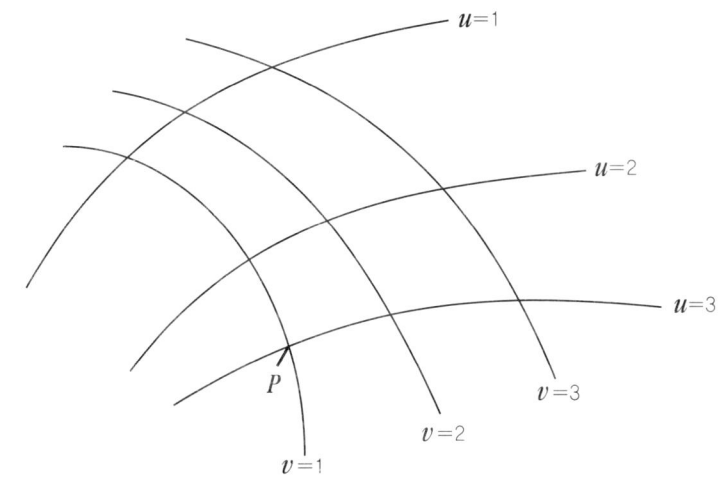

자가 부여되며, 그 형태도 u-곡선계와 마찬가지로 임의적이라고 하자. 그러면 탁자의 윗면 위의 모든 점이 각각 어떤 u의 값과 어떤 v의 값을 갖게 될 것이다. 그 두 개의 숫자를 탁자 윗면 좌표(가우스 좌표)라고 부르자.

예를 들어 그림에 표시된 점 P의 가우스 좌표는 $u=3, v=1$이다. 이 면 위에서 서로 이웃한 두 개의 P와 P'는 다음과 같은 좌표를 갖는다.

$P: u, v$

$P': u+du, v+dv$

여기서 du와 dv는 아주 작은 수를 나타내는 기호다. 비슷한 방식에 의해 우리는 P와 P' 사이의 거리(선간격)를 작은 막대로 측정해서 아주 작은 숫자 ds로 표시할 수 있다. 그러면 가우스에 따르면 우리는 다음과 같은 수식을 얻게 된다.

$$ds^2 = g_{11}du^2 + 2g_{12}du\,dv + g_{22}dv^2$$

여기서 g_{11}, g_{12}, g_{22}는 완전히 확정적인 방식으로 u와 v에 의존하는 양이다. 세 개의 양 g_{11}, g_{12}, g_{22}는 u-곡선과 v-곡선에 대한 막대의 동태를 결정하며, 따라서 탁자의 윗면에 대한 막대의 동태도 결정한다. 우리가 주목하는 면 위의 점들이 잣대들에 대해 유클리드 연속체를 형성하는 경우에는, 아니 오직 그런 경우에만 다음과 같은 보다 간단한 수식이 충족되도록 u-곡선과 v-곡선을 그리고 그 각각에 숫자를 부여하는 것이 가능하다.

$$ds^2 = du^2 + dv^2$$

이러한 조건 아래서는 u-곡선과 v-곡선이 유클리드 기하학의 의미에서 직선이 되고, 서로 수직이 된다. 이때 가우스 좌표는 단순하게 데카르트 좌표가 된다. 가우스 좌표는 우리가 주목하는 면 위의 점들 각각에 두 개의 숫자를 연관시킨 것일 뿐이며, 서로 아주 약간만 다른 값의 숫자들이 '공간 속'의 이웃한 점들에 각각 연관되는 성질을 갖고 있는 것이 분명하다.

지금까지의 논의에만 국한해 보면, 이런 고찰은 두 개의 차원을 가진 연속체에 대해 성립한다. 그러나 가우스의 방법은 세 개 이상의 차원을 가진 연속체에 대해서도 성립할 수 있다. 예를 들어 4차원의 연속체를 이용할 수 있다고 가정하면 우리는 그것을 다음과 같은 방식으로 표현할 수 있다. 그 연속체의 모든 점 하나하나에 임의로 네 개의 숫자 x_1, x_2, x_3, x_4를 연관시키고, 이것을 '좌표'라고 생각하자. 인접한 점은 인접한 좌표값에 대응한다. 거리 ds가 인접한 두 점 P, P'와 연관되고 그 거리가 측정할 수 있으며 물리학적인 관점에서 잘 정의된 것이라고 하면 다음과 같은 공식이 성립한다.

$$ds^2 = g_{11}dx_1^2 + 2g_{12}dx_1 dx_2 + \cdots + g_{44}dx_4^2$$

여기서 g_{11} 등으로 표시된 양은 연속체 속의 위치에 따라 다른 값을 갖는다. 연속체가 유클리드 연속체일 때에만 우리가 다음과 같은 보다 간단한 수식을 갖게 되도록 좌표 x_1, x_2, x_3, x_4를 연속체의 점들과 연관시킬 수 있다.

$$ds^2 = dx_1^2 + dx_2^2 + dx_3^2 + dx_4^2$$

이런 경우에는 3차원에서 얻은 측정값들 사이에 성립하는 관계와 유사한 관계가 4차원 연속체에서도 성립한다.

그러나 우리가 위에서 제시한 ds^2을 가우스의 방법으로 다루는 것이 항상 가능하지는 않다. 우리가 주목하는 연속체의 충분히 작은 영역이 유클리드 연속체로 간주될 수 있을 때에만 그렇게 하는 것이 가능하다. 예를 들어 탁자 위에 부분별로 온도가 다른 대리석 판이 놓여 있다고 할 경우에 그런 대리석 판에 대해서도 그렇게 하는 것이 분명히 가능하다. 그 대리석 판의 작은 한 부분에 대해서는 온도가 사실상 일정할 것이고, 따라서 막대의 기하학적 동태가 유클리드 기하학의 법칙에 따른다고 할 때 틀림없이 보여줄 동태와 거의 같을 것이다. 그렇다면 앞의 절에서 이야기한 정사각형 모양 만들기에서 드러난 결함이 지금의 경우에는 정사각형 모양이 탁자의 윗면 중 상당히 넓은 부분을 차지할 때까지 정사각형 모양 만들기를 계속하지 않는 한 분명하게 드러나지 않을 것이다.

이상의 논의를 요약하면 다음과 같다. 가우스는 '규모관계'(이웃한 점들 사이의 '거리')가 정의된 일반적인 연속체를 수학적으로 다루는 방법을 창안했다. 어느 한 연속체의 모든 점 각각에는 그 연속체가 갖고 있는 차원의 수와 같은 수의 숫자(가우스 좌표)들이 부여된다. 이런 일은 그러한 숫자 부여가 오직 한 가지 의미만을 가질 수 있고, 인접한 점들에는 무한히 작은 크기만큼만 다른 숫자들(가우스 좌표)이 부여되게 하는 방식으로 이루어진다. 이런 가우스 좌표계는 데카르트 좌표계를 논리적으로 일반화한 것이다. 가우스 좌표계는 비유클리드 연속체에도 적용될 수 있지만, 실제로 적용되는 것은 우리가 주목하는 연속체의 작은 부분이 더 작을수록 정의된 '규모' 또는 '거리'에 대해 그 작은 부분이 유클리드계에 더 가까운 동태를 보이는 경우로 한정된다.

26 유클리드 연속체로 본
상대성 특수이론의 공간-시간 연속체

 이제는 우리가 17절에서 모호하게만 언급한 민코프스키의 관념을 보다 정확하게 공식화할 수 있게 됐다.

 4차원의 공간-시간 연속체를 묘사하는 일에서 상대성의 특수이론에 따라 특정한 좌표계가 선호된다고 하자. 이런 좌표계를 우리는 '갈릴레이 좌표계'라고 불렀다. 그 좌표계에 대해 어떤 사건(다른 말로는 4차원 연속체의 어떤 한 점)을 규정하는 네 개의 좌표 x, y, z, t가 이 책의 1부에서 자세히 설명된 바와 같이 간단한 방식에 의해 물리적으로 정의된다. 하나의 갈릴레이 좌표계에서 그것을 기준으로 등속운동을 하는 또 하나의 갈릴레이 좌표계로 옮겨가는 것에 대해서는 로렌츠 변환의 연립방정식이 타당하게 적용된다. 로렌츠 변환의 연립방정식은 상대성의 특수이론이 낳아주는 결과를 도출하는 데 토대가 되고, 그 자체로서 모든 갈릴레이 기준계에 대한 빛 전파 법칙의 보편적인 타당성을 표현해주는 것 이상도 이하도 아니다.

 민코프스키는 로렌츠 변환이 다음과 같은 간단한 조건을 충족한다는 사실을 알게 됐다. 이웃한 두 개의 사건을 생각해보자. 4차원 연속체에서 두 사건의 상대적 위치는 갈릴레이 기준체 K를 기준으로 공간좌표의 차 dx,

dy, dz와 시간좌표의 차 dt에 의해 주어진다. 두 번째 갈릴레이계를 기준으로 하면 이에 상응하는 두 사건 사이의 차가 dx', dy', dz', dt'라고 가정하자. 그러면 이들 양은 항상 다음과 같은 조건을 충족한다.[36]

$$dx^2 + dy^2 + dz^2 - c^2dt^2 = dx'^2 + dy'^2 + dz'^2 - c^2dt'^2$$

로렌츠 변환의 타당성은 이 조건에서 도출된다. 이 점을 우리는 다음과 같이 표현할 수 있다. 우선 4차원 공간-시간 연속체의 인접한 두 점과 관련된 양 dx^2, 즉 $ds^2 = dx^2 + dy^2 + dz^2 - c^2dt^2$는 선택된 (갈릴레이) 기준체들 모두에 대해 동일한 값을 갖는다. 여기서 x, y, z, $\sqrt{-1}ct$를 x_1, x_2, x_3, x_4로 바꿔주면 우리는 다음과 같은 결과도 얻게 된다.

$$ds^2 = dx_1^2 + dx_2^2 + dx_3^2 + dx_4^2$$

그런데 이 결과는 기준체의 선택과 무관하다. 우리는 양 ds를 두 개의 사건 사이 또는 두 개의 4차원 점 사이의 '거리'라고 부른다.

따라서 우리가 실수의 양 t 대신에 허수의 변수 $\sqrt{-1}ct$를 시간변수로 선택한다면 공간-시간 연속체(상대성의 특수이론에 따른)를 4차원 '유클리드' 연속체로 간주할 수 있게 되며, 이는 앞의 절에 서술된 고찰로부터 도출되는 결과다.

---

[36] 부록 01과 02를 참조하라. 거기서 좌표계 자체에 대해 도출된 관계는 좌표의 차에 대해서도 타당하게 성립하며, 따라서 좌표의 미분(무한히 작은 차)에 대해서도 타당하게 성립한다.

27 상대성 일반이론의 공간-시간 연속체는 유클리드 연속체가 아니다

이 책의 1부에서 우리는 간단하고 직접적인 물리적 해석이 가능한 공간-시간 좌표를 이용할 수 있었고, 26절에 따르면 그것은 4차원의 데카르트 좌표로 간주할 수 있는 것이다. 이는 빛의 속도가 일정하다는 법칙을 토대로 해서 가능했다. 그러나 22절에 따르면 상대성의 일반이론은 이런 법칙을 유지할 수 없다. 오히려 반대로 우리는 상대성의 일반이론에 따르면 중력장이 존재할 때에는 빛의 속도가 언제나 좌표에 의존할 수밖에 없다는 결과에 도달했다. 23절에서 구체적인 예를 들어 설명한 내용의 맥락에서 우리는 중력장이 존재하면 상대성의 특수이론에서 우리의 목표로 우리를 인도해준 좌표와 시간에 대한 정의가 타당성을 잃게 된다는 사실을 알게 됐다.

이러한 고찰의 결과를 감안하면 우리는 상대성의 일반원리에 따르면 공간-시간 연속체를 유클리드 연속체로 간주할 수 없다고, 오히려 여기서 우리가 2차원 연속체의 한 예로 알게 된 부분별로 온도가 다른 대리석 판에 대응하는 일반적인 경우를 만나게 된다고 확신하게 된다. 그 예에서 똑같은 막대들을 가지고 데카르트 좌표계를 만들어내는 것이 불가능했던 것과 꼭 마찬가지로, 여기서는 서로에 대해 고정되게 배열된 잣대들과 시계들이 위치와 시간을 직접 알려주는 성질을 가진 계(기준체)를 강체와 시계로부터 구축하는 것이 불가능하다. 이것이 바로 23절에서 우리가 직면했던 난점의 핵심이다.

그런데 25절과 26절의 고찰이 우리에게 이런 난점을 극복하는 길을 안내해준다. 4차원 공간-시간 연속체를 임의의 방식으로 가우스 좌표에 연관시켜보자. 그런 연속체의 모든 점에 x_1, x_2, x_3, x_4라는 네 개의 숫자(좌표)를 부여하자. 이 네 개의 숫자는 직접적인 물리적 의미는 전혀 갖고 있지 않고, 단지 확정적이긴 하지만 임의적인 방식으로 연속체의 점들을 숫자화해 구분할 목적으로 사용되는 것이라고 하자. 이런 숫자부여 방식이 x_1, x_2, x_3는 '공간좌표'로, x_4는 '시간좌표'로 봐야만 하는 종류의 것일 필요도 없다.

세계에 대한 이와 같은 묘사는 완전히 부적절한 것이라고 독자는 생각할지도 모르겠다. x_1, x_2, x_3, x_4라는 좌표가 그 자체로 아무런 의미도 갖고 있지 않다면 어떤 하나의 사건에 특수한 x_1, x_2, x_3, x_4라는 좌표를 배정하는 것이 도대체 무슨 의미를 가질 수 있을까? 그러나 보다 신중하게 고찰해보면 이런 걱정은 근거가 없음을 알 수 있다.

예를 들어 어떠한 종류의 운동이든 운동을 하고 있는 하나의 물질점을 생각해보자. 그 물질점이 지속성 없이 단지 순간적으로만 존재한다면 공간-시간 속에서 x_1, x_2, x_3, x_4라는 값으로만 이루어진 단 하나의 계에 의해 묘사될 것이다. 따라서 그 물질점의 영속적인 존재는 무한히 많은 수의 그러한 값의 계에 의해 그 성격이 표현될 것이 틀림없고, 이때 그 좌표값들은 서로 매우 근접하므로 연속성을 성립시키게 될 것이다. 결과적으로 우리는 4차원 연속체 속에서 그 물질점에 대응하는 하나의 선(1차원의)을 얻게 된다.

이와 마찬가지로 우리의 연속체 속에서도 그러한 선은 어느 것이나 운동 중인 많은 점들에 대응한다. 이런 점들에 관한 진술 가운데 그 점들이 물리적으로 존재한다고 주장할 수 있게 해주는 것은 현실적으로 오로지 그 점들이 서로 만나는 것에 관한 진술뿐이다. 우리의 수학적 취급방법에서는 우리가 주목하는 점들의 운동을 표현하는 두 개의 선이 좌표값 x_1, x_2, x_3, x_4의 특수한 하나의 계를 공유한다는 사실로 그러한 만남이 표현된다. 보다 성숙한 고찰을 하고 나면, 현실에서 그러한 만남이 우리가 물리학적 진술에서 보게 되는 시간-공간의 성질에 대한 유일한 실제의 증거가 됨을 독자는 의심하지 않고 받아들이게 될 것이다.

어느 한 기준체를 기준으로 어느 한 물질점의 운동을 묘사할 때에는 우리가 그 물질점이 그 기준체의 특정한 점들과 만난다는 사실만을 진술하고 그 이상은 진술하지 않았다. 그런데 우리는 그 기준체가 시계와 만나는 것을 관찰하고, 이와 동시에 그 시계의 바늘이 그 글자판 위의 특정한 점들과 만나는 것을 관찰하는 것에 의해 대응하는 시간값을 결정할 수도 있다. 조금만 더 고찰해보면 알 수 있겠지만, 잣대를 가지고 공간측정을 하는 경우도 이와 똑같다.

다음과 같은 진술이 일반적으로 성립한다. "모든 물리적 묘사는 두 개의 사건 A와 B가 공간-시간에서 일치하는 것과 관련된 다수의 진술로 분해된다." 가우스 좌표를 이용한다면 그 다수의 진술 하나하나는 두 개의 사건 각각의 네 개의 좌표 x_1, x_2, x_3, x_4의 일치로 표현된다. 따라서 실제로 시간-공간 연속체에 대한 묘사에서 가우스 좌표를 이용하는 방식이 어느 하나의 기준체의 도움을 받는 방식을 완전히 대체하며, 앞의 묘사방식은 뒤의 묘사방식이 갖고 있는 결함을 갖고 있지 않다. 즉 가우스 좌표를 이용하는 방식의 묘사는 그것으로 표현돼야 하는 연속체의 유클리드적 특성에 얽매이지 않는다.

28 상대성 일반원리의 정확한 공식화

이제 우리는 상대성의 일반원리에 대해 18절에서 제시한 예비적 공식화를 정확한 공식화로 대체할 수 있게 됐다. 거기서 사용된 형식, 즉 '모든 기준체 K, K' 등은 그 운동상태가 어떠한가와 무관하게 자연현상의 묘사(일반적 자연법칙의 공식화)에서 동등하다' 는 형식은 더 이상 유지될 수 없다. 왜냐하면 상대성의 특수이론에서 우리가 따른 방법과 같은 의미의 강체인 기준체의 사용은 일반적으로는 공간-시간 묘사에서 가능하지 않기 때문이다. 가우스 좌표계가 기준체의 자리를 대신 차지해야 한다. 다음의 진술은 상대성의 일반원리의 기본적인 관념에 대응한다.

모든 가우스 좌표계는 자연의 일반법칙을 공식화하는 데서 근본적으로 동등하다.

우리는 이 상대성의 일반원리를 또 다른 형식으로, 즉 상대성의 특수원리를 자연스럽게 확장한 형식일 때에 비해 보다 더 분명하게 그 의미가 드러나는 형식으로 진술할 수 있다. 상대성의 특수이론에 따르면 자연의 일반법칙을 표현하는 연립방정식은 우리가 로렌츠 변환을 이용해 (갈릴레이) 기준체 K의 공간-시간 변수 x, y, z, t를 다른 새로운 기준체 K'의 공간-시간 변수 x', y', z', t'로 대체할 때 동일한 형식의 연립방정식으로 바뀐다. 반면에 상대성의 일반이론에 따르면 가우스 변수 x_1, x_2, x_3, x_4를 임의의 다른 가우스 변수로 대체할 때 그 연립방정식이 동일한 형식의 연립방정식으로 바뀐다. 왜냐하면 모든 변환(로렌츠 변환만이 아니라)이 어떤 하나의 가우스 좌표계에서 다른 하나의 가우스 좌표계로 이행하는 것에 대응하기 때문이다.

우리가 만약 사물에 대한 '구식'의 3차원적 관점을 고수하고자 한다면, 상대성의 일반이론의 기본적인 관념이 여기서 지금 밟고 있는 발전과정의 특징을 다음과 같이 말할 수 있을 것이다. 상대성의 특수이론은 갈릴레이 영역, 즉 중력장이 존재하는 영역에 관련된 것이다. 이런 맥락에서 갈릴레이 기준체는 기준이 되는 물체로 기능한다. 다시 말해 그것은 '따로 홀로 존재하는' 물질점의 등속직선 운동에 관한 갈릴레이 법칙이 그것에 대해 상대적으로 성립하도록 운동상태가 선택된 강체인 것이다.

어떤 고찰에서는, 우리가 동일한 갈릴레이 영역에 대해 갈릴레이 기준체가 아닌 기준체도 기준으로 삼을 수 있을 것 같기도 하다. 이런 경우에는 특수한 종류의 중력장이 그 기준체에 대해 존재한다(20절과 23절 참조).

중력장 속에서는 유클리드적 속성을 가진 강체와 같은 것은 존재하지 않는다. 따라서 상대성의 일반이론에서는 가공의 강체인 기준체가 쓸모가 없다. 시계의 운동도 중력장의 영향을 받지만, 직접적으로 시계의 도움을 받아 시간에 대해 내린 물리적 정의가 상대성의 특수이론에서와 같은 정도의 개연성을 결코 갖지 못하는 방식으로 영향을 받는다.

이런 이유에서 강체가 아닌 기준체가 사용되며, 일반적으로 볼 때 그 기준체는 그 전체가 어떤 방식으로든 운동을 할 뿐만 아니라 운동하는 중에 즉흥적으로 형태의 변화도 겪는다. 시계는 그 운동법칙이 어떤 종류이든, 그리고 아무리 불규칙적이어도 시간에 대한 정의에 기여한다. 우리는 이런 시계들이 각각 어떤 비강체 기준체 위의 한 점에 고정돼 있다고 상상해야 한다. 이런 시계들은 단 하나의 조건, 즉 이웃한(공간에서) 시계들에서 동시에 관찰된 '눈금값' 들이 무한히 작은 양만큼 서로 다르다는 조건만을 충족시킨다. '기준연체(基準軟體)' 라고 부르는 게 적절한지도 모를 이런 비강체 기준체는 일반적으로 보아 임의로 선택된 4차원 가우스 좌표계와 동등하다.

가우스 좌표계에 비교하면 이 '연체' 가 어느 정도는 더 이해하기가 쉬운 것은 시간좌표와 별도로 존재하는 공간좌표를 형식상으로 유지한 점(이는 그야말로 정당화될 수 없는 것이다) 덕분이다. 연체가 기준체로 생각되는 한 그 연체 위에 있는 점은 모두 다 공간점(space-point)으로 간주되고, 그 연체에 대해 상대적으로 정지상태에 있는 물질점은 모두 다 정지상태에 있는 것으로 간주된다. 상대성의 일반원리는 이런 연체들이 모두 자연의 일반법칙을 공식화하는 데서 동등한 권리가 있고 동등하게 성공적으로 기능하는 기준체로 사용될 수 있어야 함을 요구한다. 따라서 자연의 일반법칙 그 자체는 어떤 연체를 기준체로 선택하느냐와 완전히 무관해야 한다.

상대성의 일반원리가 갖고 있는 큰 힘은 위에서 우리가 살펴본 것들의 결과로 자연법칙에 부과되는 한계의 폭이 넓다는 데서 유래한다.

29 상대성의 일반원리에 근거한 중력문제에 대한 해법

독자가 지금까지 서술된 우리의 모든 고찰을 좇아왔다면 중력 문제에 대한 해법을 낳아주는 방법을 이해하는 데 더 이상 어려움이 없을 것이다.

어떤 갈릴레이 영역, 즉 갈릴레이 기준체 K에 대해 중력장이 존재하지 않는 영역을 고찰하는 것에서 시작하자. K를 기준으로 한 잣대와 시계의 동태는 상대성의 특수이론으로부터 알게 되고, '따로 홀로' 존재하는 물질점의 동태도 마찬가지다. 이런 물질점은 등속직선 운동을 한다.

이제 어떤 임의의 가우스 좌표계 또는 '연체'를 기준체 K'라고 하고 이 것을 방금 말한 영역의 기준으로 삼자. 그리고 K'에 대해 중력장 G(어떤 특수한 종류의)가 존재한다고 하자. 우리는 단지 수학적인 변환에 의해 K'를 기준으로 할 때의 잣대와 시계의 동태는 물론이고 자유로이 운동하는 물질점의 동태도 알게 된다. 우리는 이런 동태를 중력장 G의 영향을 받는 잣대, 시계, 물질점의 동태로 해석한다.

여기서 우리는 다음과 같은 가설을 도입한다. 작용하고 있는 중력장이 갈릴레이적인 특수한 경우로부터 단순히 좌표의 변환에 의해 도출되지 못하는 경우에도 잣대, 시계, 자유로이 운동하는 물질점에 대한 중력장의 영향은 동일한 법칙에 따라 계속 일어난다.

그 다음 단계로 해야 할 일은 갈릴레이적인 특수한 경우로부터 단순한 좌표의 변환에 의해 도출되는 중력장 G의 공간-시간 동태를 탐구하는 것이다. 이런 동태는 묘사에 사용되는 기준체(연체)의 선택이 어떻게 이루어지든 언제나 타당한 하나의 법칙으로 공식화된다.

이 법칙은 아직은 중력장의 일반법칙이 아니다. 왜냐하면 지금 고찰하고 있는 중력장은 특수한 종류이기 때문이다. 중력장의 일반법칙을 찾아내기 위해서는 우리가 위에서 찾아낸 법칙의 일반화가 필요하다. 그런데 이런 일반화는 다음과 같은 사항을 고려함으로써 자의적이지 않게 이루어질 수 있다.

(a) 요구된 일반화도 역시 상대성의 일반적 공리를 충족시켜야 한다.
(b) 고찰대상 영역에 어떤 물질이 있다면 그것이 장을 들뜬 상태로 만드는 효과를 낸다는 점에서 그 관성질량만이 중요하며, 따라서 15절에 따르면 그 에너지만이 중요하다.
(c) 중력장과 물질이 함께 에너지 보존의 법칙(과 충격량 보존의 법칙)을 충족시켜야 한다.

마지막으로 말해야 할 점은, 상대성의 일반원리는 중력장이 존재하지 않을 때 알려진 법칙에 따라 일어나는 과정, 즉 상대성의 특수이론의 틀에 이미 들어맞는 과정에 대한 중력장의 영향을 우리가 측정할 수 있게 해준다는 것이다. 이런 맥락에서 우리는 원칙적으로 잣대, 시계, 자유로이 운동하는 물질점에 대해 이미 설명한 방법에 따라 논의를 전개하겠다.

상대성의 일반적 공리로부터 이런 방식으로 도출한 중력의 이론은 그

아름다움에서만 탁월한 것도 아니고, 21절에서 밝혀진 대로 고전역학에 들러붙어 있는 결함을 제거하는 데서만 탁월한 것도 아니며, 관성질량과 중력질량의 동등성에 관한 경험적 법칙을 해석하는 데서만 탁월한 것도 아니다. 그 이론은 천문학 분야에서 이루어진 관찰의 결과 가운데 고전역학이 설명하지 못하는 것을 이미 설명하기도 했다.

그 이론을 중력장이 약하다고 간주될 수 있는 동시에 좌표계를 기준으로 모든 질량이 빛의 속도에 비해 작은 크기의 속도로 운동하는 경우에 한정하여 적용한다면 우리는 일차적 근사로서 뉴턴의 이론을 얻게 된다. 따라서 여기서는 특별한 가정을 전혀 하지 않고서도 뉴턴의 이론이 얻어진다. 이는 뉴턴 자신은 서로 끌어당기는 두 물질점 사이의 인력(引力)은 그 둘 사이의 거리의 제곱에 반비례한다는 가설을 도입해야 했던 것과 대조된다. 우리가 계산의 정확도를 높인다면 뉴턴의 이론으로부터의 편차가 드러나겠지만, 이러한 편차는 사실상 그 모두가 작기 때문에 관찰의 검증에는 걸리지 않을 것이 틀림없다.

여기서 우리는 그런 편차 가운데 하나에 주목해야 한다. 뉴턴의 이론에 따르면 항성들을 기준으로 자신의 위치를 영구히 유지하는 태양을 중심으로 행성이 타원형을 그리며 도는 운동을 한다. 물론 이는 항성들 자체의 운동과 우리가 고려하는 다른 행성들의 작용을 무시할 수 있다고 한다면 그렇다는 말이다. 따라서 이 두 가지 영향을 반영해 관찰된 행성의 운동을 수정한다면, 그리고 뉴턴의 이론이 엄밀하게 정확하다면 우리가 태양 주위를 도는 행성의 궤도로서 얻게 되는 것은 항성들을 기준으로 고정된 타원형일 것이 틀림없다.

매우 정확하게 검증될 수 있는 이런 추리는 지금의 시점에 달성될 수 있는 관찰의 정교함에 의해 확보되는 정밀도의 수준에서 단 하나의 행성만

제외하고 나머지 행성들 모두에 대해 성립하는 것으로 확인됐다. 그 단 하나의 예외는 태양과 가장 가까운 위치에 있는 행성인 수성이다. 르베리에[37]의 시대 이후로 알려진 바에 따르면, 수성의 궤도에 대응하는 타원형은 위에서 언급한 두 가지 영향을 반영해 수정하고 보면 항성들을 기준으로 정지상태에 있는 것이 아니라 궤도면이 궤도운동의 방향으로 매우 천천히 회전하는 운동을 한다. 궤도타원의 이런 회전운동에 대해 얻어진 값은 1세기당 43초이며, 이는 몇 초 정도의 오차범위 안에서 정확한 게 확실한 수치다. 고전역학으로 이런 효과를 설명하려고 한다면 실현될 확률이 거의 영에 가깝고 이 목적을 위해서만 고안된 가설이 필요하다.

상대성의 일반이론을 토대로 하면 태양을 중심으로 공전하는 모든 행성의 궤도타원은 위에서 언급된 것과 같은 방식으로 회전하는 것이 틀림없음을 알게 된다. 또한 수성을 제외한 다른 모든 행성의 경우에 이런 회전의 크기가 지금의 시점에서 가능한 관찰의 정교한 정도로는 검출되지 못할 정도로 작지만, 수성의 경우에는 이런 회전의 크기가 1세기당 43초에 이르는 것이 틀림없고, 이는 관찰된 사실과 엄밀하게 일치하는 결과임을 우리는 안다.

이런 추리 외에 지금까지 상대성의 일반이론으로부터의 추리 가운데 관찰에 의해 검증될 수 있는 것은 두 개뿐이었다. 그것은 태양의 중력장에 의해 광선이 구부러지는 것[38]과 큰 별에서 나와 우리에게 오는 빛의 스펙트럼선이 지상에서 비슷한 방식으로(즉 같은 종류의 원자에 의해) 만들어진 빛

---

[37] (역주) 르베리에(Urbain Jean Joseph Le Verrier). 1811~77. 프랑스의 수학자, 천체역학 연구자.
[38] 이런 현상은 1919년에 에딩턴(Eddington) 등에 의해 처음으로 관찰됐다. 부록 03(157~9쪽)을 참고하라.

의 스펙트럼선과 비교해 변위되는 것이다.[39] 상대성의 일반이론으로부터의 이 두 개의 추리도 검증될 것임을 나는 의심하지 않는다.

---

[39] 이 가설은 1924년에 애덤스(Adams)에 의해 수립됐다. 163쪽을 참고하라.

3부
우주 전체에 대한 고찰

30 뉴턴 이론의 우주론상 난점

21절에서 논의된 난점 외에 고전 천체역학에 따라붙는 또 하나의 기본적인 난점이 있는데, 내가 아는 한 이 난점은 천문학자 젤리거[40]에 의해 처음으로 자세하게 논의됐다.

우리가 하나의 전체로서의 우주를 어떻게 봐야 하느냐는 문제에 대해 숙고한다면 우리에게 가장 먼저 떠오르는 답변은 이런 것일 게 분명하다. "공간(과 시간)에 관한 한 우주는 무한하다. 도처에 별이 있고, 따라서 물질의 밀도는 자세히 보면 곳에 따라 매우 다르지만 평균적으로 보면 모든 곳에 걸쳐 동일하다." 달리 표현한다면 이렇게 말할 수 있다. "우리가 우주 공간을 아무리 멀리까지 여행한다고 해도 거의 같은 종류의 항성들이 거의 같은 밀도로 모여 있는 항성의 무리를 만나게 될 것이다."

이런 관점은 뉴턴의 이론과 조화를 이루지 못한다. 뉴턴의 이론에 따르면 오히려 항성의 밀도가 가장 높은 일종의 중심이 우주에 존재하고, 그 중심에서 멀리 벗어날수록 항성의 군밀도가 점점 더 낮아지며, 그 중심에서

---

40 (역주) 후고 폰 젤리거(Hugo von Seeliger), 1849~1924. 독일의 천문학자..

거리가 아주 먼 곳에 이르면 마침내 아무것도 없이 텅 빈 영역이 무한대로 펼쳐지기 시작해야 한다. 별이 있는 우주는 무한한 공간의 바다에 떠 있는 하나의 유한한 섬이어야 하는 것이다.[41]

이런 관념은 그 자체로 그리 만족스럽지 않다. 게다가 이런 관념은 별에서 방출된 빛과 항성계의 별 하나하나가 끊임없이 무한한 공간으로 퍼져 나가면서 결코 되돌아오지 않고, 따라서 자연의 다른 물체와 다시는 상호작용하지 않는다는 결과로 이어지기 때문에 더더욱 만족스럽지 않다. 그러한 유한한 물질우주는 점진적으로, 그러나 체계적으로 빈약해질 수밖에 없다.

젤리거는 이런 딜레마를 벗어나기 위해 뉴턴의 법칙을 수정하는 방안을 제시했다. 그는 서로 아주 멀리 떨어져 있는 두 개의 질량 사이에 작용하는 인력은 역제곱 법칙에서 도출되는 결과보다 더 빨리 감소한다고 가정했다. 이런 식으로 수정하면 물질의 평균밀도가 모든 곳에서, 심지어는 무한히 먼 곳에서도 일정하게 되며, 무한히 큰 중력장은 만들어지지 않는다. 따라서 우리는 물질우주가 중심으로서의 성질을 가진 어떤 것을 갖고 있어야 한다는, 받아들이고 싶지 않은 관념에서 벗어날 수 있게 된다.

물론 우리가 앞에서 언급한 기본적인 난점으로부터 이렇게 해방되는 것은 뉴턴의 법칙에 실증적 근거도, 이론적 근거도 없는 수정을 가해 그것을 복잡하게 만드는 대가를 치르고 이루어지는 것이다. 우리는 이와 똑같은

---

[41] 증명: 뉴턴의 이론에 따르면 무한히 먼 곳에서 와서 질량 m에서 끝나는 '힘선(역선, line of force)'의 수는 질량 m에 비례한다. 우주 전체에 걸쳐 평균적으로 질량밀도 ρ_0가 일정하다면 부피가 V인 구는 평균질량 $\rho_0 V$를 내포할 것이다. 따라서 구의 표면 F를 통해 구의 안으로 들어가는 힘선의 수는 $\rho_0 V$에 비례한다. 이렇게 생각하면 구의 표면의 단위면적을 통과해 구 안으로 들어가는 힘선의 수는 $\rho_0 \frac{V}{F}$ 또는 $\rho_0 R$에 비례한다. 따라서 표면에서의 장(field)의 세기는 구의 반지름 R이 커짐에 따라 궁극적으로는 무한하게 될 텐데, 이것은 불가능하다.

목적을 달성하는 데 기여할 법칙을 무수히 많이 상상해볼 수 있다. 그러나 그 가운데 어느 한 법칙이 다른 법칙들보다 선호되는 이유는 진술할 수 없다. 왜냐하면 그 법칙은 어느 것이든 뉴턴의 법칙과 마찬가지로 보다 일반적인 이론적 원리에 토대를 둔 것이 아닐 것이기 때문이다.

31 '유한' 하지만 '경계가 없는' 우주의 가능성

우주의 구조에 대한 사색은 완전히 다른 또 하나의 방향으로도 나아간다. 비유클리드 기하학의 발달은 사고의 법칙이나 경험(리만[42]과 헬름홀츠[43])과 모순을 일으키지 않으면서 우리 우주의 무한성에 대해 의문을 제기할 수 있다는 사실을 우리로 하여금 인식하게 했다. 이런 문제는 이미 헬름홀츠와 푸앵카레[44]에 의해 자세히, 그리고 더 없이 명료하게 다뤄졌다. 여기서는 내가 그것을 간략하게만 언급할 수 있겠다.

우선 2차원 공간 속에 어떤 한 종류의 생명체들이 있다고 상상하자. 평평하게 생긴 그 생명체들은 특히 평평한 강체 잣대를 비롯한 평평한 도구를 갖고 평면에서 자유로이 운동한다. 그들에게는 그 평면의 바깥에는 아무것도 존재하지 않는다. 그들이 관찰할 때 그들 자신이나 그들이 갖고 있는 '평평한 것'들에 일어나는 것만이 그들의 평면에서 현실의 전부다. 특

---

[42] (역주) 게오르크 프리드리히 베른하르트 리만(Georg Friedrich Bernhard Rieman). 1826~1866. 독일의 수학자.
[43] (역주) 헤르만 폰 헬름홀츠(Hermann von Helmholtz). 1821~1894. 독일의 물리학자.
[44] (역주) 쥘 앙리 푸앵카레(Jules Henri Poincaré). 1854~1912. 프랑스의 수학자, 이론물리학자.

히 거기에서는 막대를 가지고 예를 들어 24절에서 검토한 바 있는 격자구조와 같은 평면 유클리드 기하학의 구조를 만들 수 있다. 우리의 우주와는 달리 그들의 우주는 2차원이다. 그러나 우리의 우주와 같이 그들의 우주는 무한하게 펼쳐져 있다. 그들의 우주에는 막대로 무한하게 많은 수의 똑같은 정사각형을 만들 여유가 있다. 이는 곧 그 우주의 크기(면적)가 무한하다는 뜻이다. 그 생명체들이 자기들의 우주가 '평면'이라고 말한다면 그러한 진술은 의미를 갖는다. 왜냐하면 그러한 진술로써 그들이 말하고자 하는 바는 그들의 막대를 가지고 평면 유클리드 기하학의 구조를 그릴 수 있다는 것이기 때문이다. 이런 맥락에서 각각의 막대는 그 위치와 무관하게 언제나 똑같은 거리를 나타낸다.

이번에는 또 한 종류의 2차원 생명체들이 있다고 생각해보자. 그들은 앞의 경우와 달리 평면이 아닌 구의 표면에 있다. 평평한 생물체인 그들은 잣대를 비롯해 그들 자신의 물체와 함께 구의 표면에 정확하게 들어맞게 존재하며, 그 표면을 벗어날 수 없다. 그들이 관찰하는 우주 전체는 전적으로 구의 표면에만 펼쳐져 있다. 이런 생명체들이 그들의 우주의 기하학을 평면 기하학으로 생각할 수 있을까? 더 나아가 그들의 막대를 '거리'가 실현된 것으로 생각할 수 있을까? 그들은 그렇게 생각할 수 없다. 왜냐하면 그들이 만약 직선을 실현하려는 시도를 하는 경우에 실제로 그들이 얻게 되는 것은 곡선이기 때문이다. '3차원 생명체'인 우리는 그 곡선을 하나의 커다란 원, 다시 말해 특정하게 유한한 길이를 가진 닫힌 선으로 규정할 것이고, 그 길이는 잣대로 측정할 수 있다. 마찬가지로 그 우주는 유한한 면적을 갖고 있을 것이고, 그 면적은 막대로 만들어진 정사각형의 면적과 비교할 수 있다. 이런 고찰의 커다란 매력은 그 생명체들의 우주가 유한하지만 경계가 없다는 사실을 인식하게 해준다는 데 있다.

그러나 구면의 생명체들은 자기들이 유클리드적인 우주에 살고 있지 않음을 알기 위해 세계여행을 해야 할 필요가 없다. 자기들의 '세계' 가운데 너무 작은 일부분만을 사용하고 있는 게 아니라면 그들은 그 세계의 어느 부분에서나 그러한 사실을 확인할 수 있다. 그들이 어느 한 점에서 출발해 모든 방향으로 똑같은 길이의 '직선'들(3차원 공간 속에서 판단하면 원호들)을 긋는다고 하자. 그 직선들의 바깥쪽 끝점을 이어준 선을 그들은 '원'이라고 부른다. 평면의 경우에는 원의 둘레와 지름의 길이를 동일한 막대로 각각 측정했을 때 지름에 대한 둘레의 길이 비율이 유클리드 평면 기하학에 따라 상수값 π와 같으며, 따라서 원의 지름과 무관하다. 그런데 구면에서는 우리의 평평한 생명체가 이 비율의 값이 다음과 같음을 알게 될 것이다.

$$\pi \frac{\sin(\frac{r}{R})}{(\frac{r}{R})}$$

이 값은 π보다 작다. '세계구'의 반지름 R에 비해 원의 반지름이 상대적으로 더 커질수록 π와 이 값의 차이가 더 커진다. 이런 관계를 이용하면 구면의 생명체들은 그들의 세계구 가운데 비교적 작은 일부분에서만 그들이 측정을 할 수 있다고 하더라도 그들의 우주('세계')의 반지름을 알아낼 수 있다. 그러나 그들이 측정을 할 수 있는 일부분이 대단히 작은 일부분이라면 그들은 자기들이 구 모양의 '세계'에 있지 유클리드적 평면에 있는 게 아님을 더 이상 증명할 수 없을 것이다. 왜냐하면 구면의 작은 일부분은 같은 크기의 평면 한 조각과 아주 조금만 다를 것이기 때문이다.

따라서 어떤 행성이 속한 태양계가 구형 우주의 무시할 수 있을 정도로 작은 일부분만을 차지하는 경우에 그 행성에서 살아가는 구면 생명체들이 있다고 한다면 그들은 자기들이 유한한 우주 속에서 살아가고 있는지, 아니면 무한한 우주 속에서 살아가고 있는지를 확인할 도리가 없다. 왜냐하면 그들이 접근할 수 있는 '우주의 조각'은 두 경우 모두에 사실상 평면 또는 유클리드적 조각이기 때문이다. 이런 논의에서 곧바로 다음과 같은 결론이 도출된다. 우리의 구면 생명체가 볼 때에 처음에는 원의 반지름이 커짐에 따라 그 둘레도 커지지만 '우주의 둘레'에 도달할 때까지만 그렇고, 그때부터는 반지름의 값을 더 키워나가면 그 둘레가 점점 더 줄어들어 마침내는 영이 된다. 그 과정에서 원의 면적은 계속해서 점점 더 커지다가 마침내는 '세계구' 전체의 총면적과 같아지게 된다.

아마도 독자는 우리가 왜 우리의 '생명체'를 다른 종류의 닫힌 면 위에 놓지 않고 굳이 구면 위에 놓았는지에 대해 의아해 할 것이다. 그러나 모든 닫힌 면 가운데서 구면은 그 위의 모든 점이 동등한 속성을 갖고 있다는 점에서 특이하다는 사실이 우리의 그런 선택을 정당화해주는 근거가 된다. 나는 원의 반지름 r에 대한 그 둘레 c의 비율은 r에 의존함을 인정하지만, '세계구'에서 r의 값이 주어졌다면 그 비율은 구면 위의 모든 점에 대해 똑같다. 달리 말하면 '세계구'는 '곡률이 일정한 면'인 것이다.

이런 2차원의 구면 우주에 대응하는 3차원의 것을 유추할 수 있다. 리만이 발견한 3차원 구형 공간이 바로 그것이다. 이 3차원 구형 공간에서도 2차원 구면 우주에서와 마찬가지로 모든 점이 동등하다. 3차원 구형 공간은 유한한 부피를 갖고 있고, 그 부피는 '반지름'에 의해 결정된다($2\pi^2 R^3$). 구형공간을 상상하는 것이 가능할까? 어떤 공간을 상상한다는 것은 우리의 '공간' 경험, 즉 '강체'인 물체의 운동에서 우리가 얻을 수 있는 경험의 축소모형을 상상한다는 의미일 뿐이다. 이런 의미에서 우리는 구형 공간을 상상할 수 있다.

우리가 어떤 한 점에서부터 모든 방향으로 선을 긋거나 줄을 걸어 잡아당겨 놓은 다음 잣대를 가지고 그 각각에 원점에서부터의 거리 r을 표시한다고 생각해보자. 그러면 그 바깥쪽 끝점은 모두 어떤 하나의 구형 면 위에 있게 된다. 우리는 잣대를 이어 붙여 만든 정사각형을 가지고 특별히 그 구형 면의 면적(F)을 측정할 수 있다. 그 우주가 유클리드적인 것이라면 $F = 4\pi r^2$일 것이고, 그 우주가 구형 면이라면 F는 항상 $4\pi r^2$보다 작을 것이다. r의 값이 커짐에 따라 F가 영에서부터 커지기 시작해 나중에는 '세계 반지름'에 의해 결정되는 어떤 극대값에 이르게 되지만, 그때부터는 r의 값을 더 키울수록 F가 점점 더 작아져서 마침내는 영이 된다. 처음에는 출발점에서 뻗어나간 직선들의 간격이 점점 더 많이 벌어지지만, 나중에는 점점 더 좁아져서 결국에는 출발점의 '대척점'에서 다시 합쳐지게 된다. 그러한 조건 아래서는 직선들이 구형 공간 전체를 가로지르게 된다. 여기서 3차원 구형 공간은 2차원 구면과 아주 비슷하다는 점을 쉽게 알 수 있다. 3차원 구형 공간은 유한하고(즉 부피가 유한하고), 경계를 갖고 있지 않다.

다른 또 한 종류의 구부러진 공간이 있다는 점을 말해둘 수 있겠다. 그것은 '타원구형 공간'이다. 타원구형 공간은 두 개의 대척점이 똑같은(서로 구분되지 않는) 구부러진 공간으로 간주할 수 있다. 따라서 그것은 어느 정도는 점대칭의 성질을 가진 구부러진 우주로 간주할 수 있다.

지금까지 이야기한 것으로부터 한계가 없으면서 닫힌 공간들을 생각해 볼 수 있다는 결론이 나온다. 이러한 공간 가운데 구형 공간(과 타원구형 공간)은 그 위의 점들이 모두 동등하기 때문에 단순성에서 가장 뛰어나다. 이런 논의의 결과로 천문학자와 물리학자들에게 매우 흥미로운 문제 하나가 떠오른다. 그것은 우리가 살고 있는 우주가 무한한지의 여부, 또는 구형 우주와 같은 방식으로 유한한지의 여부다. 우리의 경험은 우리가 이 질문에 대답할 수 있게 해주기에 결코 충분하지 않다. 그러나 상대성의 일반이론은 우리가 이 질문에 그런대로 어느 정도는 확실하게 대답할 수 있게 해주며, 이런 맥락에서 우리는 30절에서 언급한 난점에 대한 해답을 얻게 된다.

32 상대성의 일반이론에 따른 공간의 구조

상대성의 일반이론에 따르면 공간의 기하학적 속성은 독립적이지 않고, 오히려 물질에 의해 결정된다. 따라서 우리는 무엇인가 알려진 물질의 상태를 토대로 고찰을 해야만 우주의 기하학적 구조에 대해 결론을 도출할 수 있다. 적절하게 선택된 좌표계에 대해 별들의 속도는 빛 전파의 속도에 비해 느리다는 것을 우리는 경험에 의해 알고 있다. 따라서 물질을 정지상태에 있는 것으로 취급한다면 우리는 대략적인 근사의 결과로서 우주 전체의 성질에 대한 하나의 결론에 도달할 수 있다.

앞에서 전개한 논의로부터 우리는 이미 잣대와 시계의 동태는 중력장의 영향, 즉 물질이 분포된 상태의 영향을 받는다는 것을 알고 있다. 이런 사실은 그 자체로 우리의 우주에서 유클리드 기하학이 정확한 타당성을 가질 가능성을 배척하기에 충분하다. 그러나 우리의 우주가 유클리드적인 우주와 아주 조금만 다를 것이라는 생각을 해볼 수 있다. 게다가 이런 관념은 우리 주위의 공간에 대한 계측치들이 우리의 태양과 같은 크기의 질량에 의해서도 대단히 작은 정도로만 영향을 받는다는 사실이 계산에 의해 증명되므로 그만큼 더 개연성이 있는 것으로 여겨진다. 기하학의 관점에서 보는 한 우리의 우주는 개별적인 부분에서는 불규칙하게 구부러져 있으나 어떤 하나의 평면에서 두드러지게 벗어난 부분은 전혀 없는 면, 즉 물결치는 호수의 수면과 비슷한 면과 같은 동태를 보인다고 우리는 상상할 수 있다. 그러한 우주는 준유클리드적 우주라고 부르는 것이 알맞을 수 있다. 그 우주는 공간의 측면에서는 무한할 것이다. 그러나 계산을 해보면 준유클리드적 우주에서는 물질의 평균밀도가 필연적으로 영(0)이 됨을 알 수 있다. 따라서 그러한 우주는 그 안의 모든 곳이 물질로 채워질 수 없다. 결국 그러한 우주는 30절에서 우리가 그려본 불만족스러운 그림을 우리에게 제시하게 될 것이다.

우주 안에 영과 다른 물질의 평균밀도가 존재한다면 그것과 영 사이의 차이가 아무리 작더라도 그 우주는 준유클리드적 우주일 수 없다. 반면에 물질이 균일하게 분포돼있다면 그런 우주는 필연적으로 구형(또는 타원구형)일 것임을 계산의 결과가 보여준다. 물질의 분포를 자세하게 들여다보면 실제로는 그 분포가 균일하지 않기 때문에 실제의 우주는 개별적인 부분에서 그런 구형과 편차가 있을 것이다. 다시 말해 실제의 우주는 준구형일 것이다. 그러나 그것은 필연적으로 유한할 것이다. 사실 이런 이론은 우리에게 우주의 공간팽창과 그 안의 물질의 평균밀도 사이에 간단한 연관성[45]이 있음을 우리에게 알려준다.

---

45 우주의 반지름 R에 대해 우리는 다음과 같은 방정식을 얻는다.

$$R^2 = \frac{2}{\kappa \rho}$$

이 방정식에 CGS(센티미터-그램-세컨드(초)) 단위체계를 적용하면 $\frac{2}{\kappa} = 1.08 \times 10^{27}$을 얻게 된다. 여기서 ρ는 물질의 평균밀도이고, κ는 뉴턴의 중력상수와 관련된 일종의 상수다.

♣

부록

01 로렌츠 변환의 간단한 도출
(11절에 대한 보충)

〈그림 2〉에 표시된 좌표계의 상대적 방향에서 두 좌표계의 x축은 영속적으로 일치한다. 지금 우리의 고찰에서는 x축에 위치한 사건만을 먼저 살펴보는 것을 통해 문제를 두 부분 이상으로 나눌 수 있다. 그러한 어떤 사건이 좌표계 K를 기준으로 하면 가로좌표 x와 시간 t로 표현되고, 좌표계 K'를 기준으로 하면 가로좌표 x'와 시간 t'로 표현된다고 하자. 우리는 x와 t가 주어졌을 때 x'와 t'를 구해야 한다. x축을 따라 양의 방향으로 진행하는 빛신호는 다음과 같은 방정식에 따라 전파된다.

$x = ct$

또는

$x - ct = 0$ $\cdots$ (1)

같은 빛신호라면 좌표계 K'를 기준으로 해도 역시 속도 c로 전파돼야 하므로 K'계를 기준으로 한 그 빛신호의 전파는 앞의 경우와 마찬가지로 다음과 같은 공식으로 표현될 것이다.

$$x' - ct' = 0 \quad \cdots (2)$$

(1)을 만족시키는 공간–시간 점(사건)들은 (2)도 만족시켜야 한다. 다음과 같은 관계가 일반적으로 충족된다면(λ는 상수) 그렇게 될 것이 분명하다.

$$x' - ct' = \lambda(x - ct) \quad \cdots (3)$$

왜냐하면 (3)에서 $x - ct$가 영이 되면 $x' - ct'$도 영이 되기 때문이다.

x축을 따라 음의 방향으로 전파되고 있는 광선에 대해 같은 고찰을 하면 우리는 다음과 같은 조건을 얻게 된다.

$$x' + ct' = \mu(x + ct) \quad \cdots (4)$$

방정식 (3)과 (4)를 더하고(또한 (3)에서 (4)를 빼고), 편의를 위해 상수 λ와 μ 대신에 다음과 같은 상수 a와 b를 도입하자.

$$a = \frac{\lambda + \mu}{2} \qquad b = \frac{\lambda - \mu}{2}$$

이렇게 하면 우리는 다음 두 개의 방정식을 얻게 된다.

$$\left.\begin{array}{l} x' = ax - bct \\ ct' = act - bx \end{array}\right\} \cdots (5)$$

따라서 우리가 상수 a와 b의 값을 안다면 우리의 문제에 대한 해답은 구해진 것이다. 이 두 상수의 값은 다음과 같은 논의의 결과로 알 수 있다.

K'의 원점에서는 영속적으로 $x' = 0$임을 우리는 알고 있다. 따라서 (5)의 첫 번째 방정식에 따르면 다음과 같이 된다.

$$x = \frac{bc}{a} t$$

K를 기준으로 K'의 원점이 운동하는 속도를 v라고 하면 이것은 다음과 같다.

$$v = \frac{bc}{a} \quad \cdots (6)$$

K를 기준으로 K'의 또 다른 점이 운동하는 속도나 K'를 기준으로 K의 어느 한 점이 운동하는(x축을 따라 음의 방향으로) 속도를 계산해도 연립방정식 (5)로부터 똑같은 값 v가 얻어진다. 요컨대 우리는 v를 두 좌표계의 상대속도라고 부를 수 있다.

더 나아가 K에서 바라보고 판단할 때 K'를 기준으로 정지상태에 있는 단위잣대의 길이는 K'에서 바라보고 판단할 때 K를 기준으로 정지상태에 있는 단위잣대의 길이와 정확하게 똑같아야 함을 상대성의 원리가 우리에게 가르쳐준다. K에서 바라볼 때 x'축의 점들이 어떻게 보일 것인지를 알기 위해서는 K에서 K'를 '순간촬영' 하기만 하면 된다. 이는 곧 우리가 특정한 t(K의 시간)의 값, 즉 $t=0$을 대입해야 한다는 것을 의미한다. (5)의 첫 번째 방정식에 이런 t의 값을 대입하면 다음과 같이 된다.

$$x' = ax$$

따라서 좌표계 K'에서 측정할 때 거리 $\Delta x'=1$만큼 서로 떨어진 x'축 위의 두 점은 우리가 '순간촬영' 한 사진에서는 다음과 같은 거리만큼 서로 떨어져 있게 된다.

$$\Delta x = \frac{1}{a} \quad \cdots (7)$$

그러나 $K'(t'=0)$에서 순간촬영을 하고 수식 (6)을 고려해서 (5)의 두 방정식에서 t를 제거하면 우리는 다음과 같은 방정식을 얻게 된다.

$$x' = a(1-\frac{v^2}{c^2})x$$

이로부터 우리는 거리 1만큼 서로 떨어진(K를 기준으로) x축 위의 두 점은 우리가 순간촬영한 사진에서는 다음과 같은 거리만큼 서로 떨어진 것으로 나타나게 된다는 결론을 내릴 수 있다.

$$\Delta x' = a(1-\frac{v^2}{c^2}) \quad \cdots (7a)$$

그런데 앞에서 말한 바에 따라 두 개의 순간촬영 사진은 동등해야 한다. 따라서 (7)에 나오는 Δx와 (7a)에 나오는 $\Delta x'$는 같아야 하므로 우리는 다음과 같은 결과를 얻게 된다.

$$a^2 = \frac{1}{1-\frac{v^2}{c^2}} \quad \cdots (7b)$$

방정식 (6)과 (7b)가 상수 a와 b를 결정한다. 이렇게 결정된 상수 a와 b의 값을 대입하면 우리는 11절에서 제시된 연립방정식의 첫 번째와 네 번째 방정식을 얻게 된다.

$$\left.\begin{array}{l} x' = \dfrac{x-vt}{\sqrt{1-\dfrac{v^2}{c^2}}} \\[2ex] t' = \dfrac{t-\dfrac{v}{c^2}x}{\sqrt{1-\dfrac{v^2}{c^2}}} \end{array}\right] \cdots (8)$$

이로써 우리는 x축 위의 사건에 대한 로렌츠 변환을 구한 셈이다. 이 로렌츠 변환은 다음 조건을 충족한다.

$$x'^2 - c^2 t'^2 = x^2 - c^2 t^2 \quad \cdots (8a)$$

x축에서 벗어난 곳에서 일어나는 사건도 포괄하도록 이 결과를 확장하려면 (8)의 두 방정식을 유지하는 동시에 다음과 같은 두 개의 관계식으로 보완하면 된다.

$$\left.\begin{array}{l} y' = y \\ z' = z \end{array}\right] \cdots (9)$$

이렇게 하면 우리는 임의의 방향으로 진행하는 광선의 진공 속 속도가 불변이라는 공리를 좌표계 K와 좌표계 K' 둘 다에 대해 만족시킬 수 있다. 이는 다음과 같이 증명된다.

시간 $t=0$에 K의 원점에서 빛신호를 내보낸다고 가정하자. 그 빛신호는 다음과 같은 방정식에 따라 전파될 것이다.

$$r = \sqrt{x^2+y^2+z^2} = ct$$

또는 이 방정식을 제곱하고 보면, 그 빛신호가 다음과 같은 방정식에 따라 전파된다.

$$x^2+y^2+z^2-c^2t^2=0 \quad \cdots (10)$$

빛 전파의 법칙은 상대성의 공리와 더불어 우리가 지금 문제로 삼은 빛신호의 전파가 위 방정식에 대응하는 다음과 같은 공식에 따라 이루어질 것을 요구한다(K'에서 바라보고 판단할 때).

$$r' = ct'$$

또는

$$x'^2+y'^2+z'^2-c^2t'^2=0 \quad \cdots (10a)$$

방정식 (10a)가 방정식 (10)의 한 결과가 될 수 있으려면 다음과 같은 등식이 성립해야 한다.

$$x'^2+y'^2+z'^2-c^2t'^2= \sigma(x^2+y^2+z^2-c^2t^2) \quad \cdots (11)$$

x축 위의 점에 대해서는 방정식 (8a)가 성립해야 하므로 우리는 $\sigma=1$을 얻게 된다. 여기서 로렌츠 변환이 $\sigma=1$인 경우에 방정식 (11)을 실제로 충족시킴을 쉽게 알 수 있다. 이렇게 되는 것은 (11)이 (8a)와 (9)의 한 결과이고, 따라서 (8)과 (9)의 한 결과이기도 하기 때문이다. 이로써 우리는 로렌츠 변환을 도출한 셈이다.

(8)과 (9)로 표현된 로렌츠 변환은 보다 일반화돼야 한다. K'의 축들을 K의 축들과 공간적으로 평행하게끔 선택해야 하는지의 여부는 중요하지 않은 것이 분명하다. K를 기준으로 K'가 병진하는 속도가 x축의 방향으로 측정되는 것도 반드시 필요한 것은 아니다. 간단한 고찰만으로도 우리가 이런 일반적인 의미의 로렌츠 변환을 두 가지 종류의 변환으로부터 도출할 수 있음을 알 수 있다. 그 두 가지 가운데 하나는 특수한 의미의 로렌츠 변환이고, 다른 하나는 직교좌표계를 축들이 그것과는 다른 방향을 가리키는 다른 좌표계로 대체하는 경우에 대응하는 순수한 공간적 변환이다.

수학적으로는 우리가 일반화된 로렌츠 변환의 특성을 다음과 같이 규정할 수 있다.

일반화된 로렌츠 변환은 x', y', z', t'를 다음과 같은 관계를 항등적으로 충족시키는 종류의 'x, y, z, t의 선형동차함수'로 표현한다.

$$x'^2+y'^2+z'^2-c^2t'^2=x^2+y^2+z^2-c^2t^2 \quad \cdots (11a)$$

이는 곧 좌변의 x', y', z', t' 대신에 x, y, z, t로 표현된 그 각각의 값을 대입하면 좌변이 우변과 동일하게 된다는 것이다.

02 민코프스키의 4차원 공간('세계')
(17절에 대한 보충)

시간변수로 t 대신 허수 $\sqrt{-1}\,ct$를 도입한다면 우리는 로렌츠 변환의 특성을 더 간단하게 규정할 수 있다. 이런 고려에 따라 우선 다음과 같이 대체하자.

$x_1 = x$
$x_2 = y$
$x_3 = z$
$x_4 = \sqrt{-1}\,ct$

또한 프라임(′)을 붙여 표시한 좌표계 K'에 대해서도 마찬가지로 대체한다고 하자. 그러면 변환에 의해 항등적으로 충족되는 조건이 다음과 같이 표현된다.

$$x'^2_1 + x'^2_2 + x'^2_3 + x'^2_4 = x^2_1 + x^2_2 + x^2_3 + x^2_4 \quad \cdots (12)$$

즉 앞에서 말한 대로 '좌표'들을 선택하면 (11a)(부록 01의 끝부분을 보라)가 이런 방정식으로 변환된다.

(12)로부터 우리는 허수의 시간좌표 x_4가 공간좌표 x_1, x_2, x_3와 정확하게 똑같은 방식으로 변환의 조건에 들어간다는 것을 알 수 있다. 바로 이런 사실로 인해 상대성의 이론에 따르면 '시간' x_4가 공간좌표 x_1, x_2, x_3와 똑같은 형태로 자연법칙에 들어가는 것이다.

민코프스키는 이처럼 '좌표' x_1, x_2, x_3, x_4에 의해 묘사되는 4차원 연속체를 '세계'라고 불렀다. 그는 또한 점사건을 '세계점'이라고 불렀다. 3차원의 공간에서 '일어나는 사건'인 물리현상이 4차원의 '세계'에서는 말하자면 '존재하는 것'이 되는 것이다.

이런 4차원 '세계'는 (유클리드) 해석기하학의 3차원 '공간'과 매우 유사하다. 3차원 공간에 동일한 원점을 가진 새로운 데카르트 좌표계(x'_1, x'_2, x'_3)를 도입하면 x'_1, x'_2, x'_3는 각각 다음의 방정식을 항등적으로 충족시키는 x_1, x_2, x_3의 선형동차함수가 된다.

$$x'^2_1 + x'^2_2 + x'^2_3 = x^2_1 + x^2_2 + x^2_3$$

이것은 (12)와 완전히 닮은 것이다. 우리는 민코프스키의 '세계'를 형식적으로는 일종의 4차원 유클리드 공간(허수의 시간좌표를 포함한)으로 간주할 수 있다. 그리고 로렌츠 변환은 4차원 '세계'에서의 좌표계의 '회전'에 대응한다.

03 상대성의 일반원리에 대한 실험적 검증

체계적인 이론의 관점에서 보면 경험과학의 진화과정은 연속적인 귀납의 과정이라고 생각할 수 있다. 이론은 진화하면서 수많은 개별적 관찰의 결과를 경험적 법칙의 형태로 간결하게 전달하는 진술로서 표현되며, 이렇게 진술되는 경험적 법칙으로부터 비교에 의해 일반법칙이 확인된다. 이런 식으로 본다면 과학의 발전은 분류목록을 작성하는 일과 어느 정도 비슷하다. 그것은 말하자면 순전히 경험적인 것이다.

그러나 이런 관점이 실제의 과정을 모두 포괄하는 것은 결코 아니다. 왜냐하면 그 관점은 정밀과학의 발전에서 직관과 연역적 사고가 수행하는 중요한 역할을 간과하는 것이기 때문이다. 과학이 그 초기단계를 넘어선 뒤에는 곧바로 이론적 진전이 더 이상 정렬하는 과정에 의해서만 성취되지 않게 되기 때문이다. 연구자는 경험적 데이터의 인도를 받으면서 일반적으로 소수의 기본적인 가정, 즉 이른바 공리로부터 논리적으로 쌓아올려지는 사고의 체계를 발전시킨다고 보는 게 옳다. 그러한 사고의 체계를 우리는 이론이라고 부른다. 이론은 수많은 개별적 관찰을 서로 관련시키며, 이런 사실에서 이론은 자신의 존속을 정당화해주는 근거를 찾는다. 그리고 이론의 '진실성'도 바로 여기에 있다.

동일한 복합적 경험 데이터에 대응하지만 서로 상당한 정도로 다른 이론이 여러 개 존재할 수 있다. 그런데 검증할 수 있는 두 개의 이론으로부터 연역을 하는 경우에는 그 두 이론이 일치하는 정도가 완전해서 그 두 이론 사이의 차이를 드러내주는 연역을 찾아내기가 어려울 수도 있다. 이런 사례로서 일반적인 관심의 대상이기도 한 것을 생물학의 영역에서 볼 수 있다. 생존을 위한 투쟁에서의 선택에 의한 생물종 진화에 관한 다윈의 이론과 획득된 형질의 유전적 전달이라는 가설에 토대를 둔 생물종 진화의 이론이 그것이다.

우리는 또 하나의 사례를 한편으로는 뉴턴의 역학에서 수립된 이론으로부터의 연역과 다른 한편으로는 상대성의 일반이론에서 수립된 이론으로부터의 연역이 서로 폭넓게 일치한다는 데서 찾을 수 있다. 이런 일치의 정도가 워낙 높아서 지금까지 우리가 상대성의 일반원리로부터 연역한 것 가운데 조사해볼 수 있는 것인데 상대성의 이론이 등장하기 전에 속하는 시대의 물리학에 의해서는 도출되지 않은 것을 우리는 단지 몇 가지만 발견할 수 있었다. 더욱이 방금 말한 두 가지 이론의 기본적인 가정이 크게 다름에도 불구하고 그랬다는 사실이 주목된다. 아래에서 우리는 그와 같은 중요한 연역들을 다시 고찰해보고, 그 연역들과 관련하여 지금까지 확보된 경험적 증거에 대해서도 논의해보자.

(a) 수성 근일점의 운동

뉴턴의 역학과 중력의 법칙에 따르면 태양을 중심으로 공전하는 행성은 태양의 주위에, 또는 보다 정확하게 말하면 태양과 그 행성의 공통 중력중심의 주위에 타원을 그린다. 그러한 계에서는 태양 또는 공통 중력중심이 궤도타원의 두 초점 가운데 하나에 위치하고, 이에 따라 행성년이 1년 지나는 동안에 태양과 행성의 거리가 극소값에서 극대값으로 커졌다가 다시 극소값으로 작아진다. 우리가 뉴턴의 법칙 대신에 그것과 다소 다른 인력의 법칙을 집어넣고 계산해보면 그 새로운 법칙에 따라 태양과 행성의 거리가 주기적으로 변동하는 방식의 운동은 여전히 일어나겠지만 이 경우에는 그러한 변동의 한 주기(태양과 가장 가까운 근일점에서 시작해 다시 근일점으로 돌아오기까지) 동안에 태양과 행성을 이어주는 선이 그리는 각도가 360°와 달라짐을 알게 될 것이다. 따라서 궤도선이 닫힌 선이 되지 못하므로 시간이 지나면서 궤도평면 가운데 반지 모양의 일부분, 즉 '행성이 태양에서 가장 가까운 거리에 있을 때의 위치를 이어주는 선을 둘레로 하는 원'과 '행성이 태양에서 가장 먼 거리에 있을 때의 위치를 이어주는 선을 둘레로 하는 원'의 사이를 채워가게 될 것이다.

  뉴턴의 이론과는 물론 다른 상대성의 일반이론에 따르면 궤도를 따라 공전하는 행성의 운동이 뉴턴-케플러 운동과 약간 다른 편차가 발생하게 되는데, 이것은 어느 한 근일점과 그 다음 차례의 근일점 사이에서 태양과 행성을 이어준 선, 즉 궤도의 반지름이 그리는 각도가 한 번의 완전한 공전에 대응하는 각도를 다음과 같은 수식에 의해 주어지는 크기만큼 초과하는 편차다.

$$+ \frac{24\pi^3 a^2}{T^2 c^2 (1-e^2)}$$

(주의: 여기서 한 번의 완전한 공전이란 물리학에서 관행적으로 사용되

는 절대각도의 척도로 2π의 각도에 대응하는 공전을 말한다. 그리고 위의 수식은 어느 한 근일점과 그 다음 차례의 근일점 사이의 기간에 태양과 행성을 이어준 선, 즉 궤도의 반지름이 이 각도, 즉 2π를 초과하는 정도를 알려준다.)

이 수식에서 는 타원의 긴 반지름, e는 이심률(離心率), c는 빛의 속도, T는 행성의 공전주기를 각각 나타낸다. 우리가 얻은 결과는 다음과 같이 진술할 수도 있다. 상대성의 일반이론에 따르면 타원의 긴 축은 태양을 중심으로 해서 행성의 궤도운동과 같은 방향으로 회전한다. 수성의 경우에는 이론상 이런 회전의 크기가 세기당 43초의 각도인 게 분명하지만, 우리의 태양계에서 그 밖의 다른 행성들의 경우에는 그 크기가 워낙 작아서 검출되지 않을 것이 틀림없다.[46]

사실 천문학자들은 관찰되는 수성의 운동을 현재의 시점에서 달성할 수 있는 관찰의 가장 정교한 수준에 상응할 정도로 정확하게 계산하는 데 뉴턴의 이론은 충분하지 않음을 알게 됐다. 다른 행성들이 수성에 미치는 교란적 영향을 모두 다 감안한 뒤에도 수성의 궤도가 보여주는 근일점 운동 가운데 설명되지 않는 부분이 남게 되며 그 크기는 앞에서 말한 세기당 +43초와 감지할 수 있을 정도로 다르지 않음이 확인됐다(1859년 르베리에, 1895년 뉴컴[47]에 의해). 경험적 결과의 불확실성은 불과 몇 초 정도다.

---

[46] 특히 그 다음의 행성인 금성은 거의 완전한 원을 그리는 궤도를 갖고 있어서 근일점의 위치를 정확하게 잡기가 더욱 어렵다.
[47] (역주) 사이먼 뉴컴(Simon Newcomb). 1835~1909. 캐나다 출생의 미국 천문학자.

(b) 중력장에 의한 빛의 편향

상대성의 일반이론에 따르면 하나의 광선은 중력장을 통과할 때 그 경로가 구부러짐을 경험하게 되는데, 그 구부러짐은 중력장을 통과하도록 던져진 물체의 경로가 경험하는 구부러짐과 비슷하다는 점은 앞의 22절에서 이미 이야기했다. 상대성의 일반이론이 낳는 결과로 우리는 어떤 천체의 가까운 옆을 스쳐 지나가는 광선은 그 천체 쪽으로 편향될 것이라고 예상할 수 있다. 태양의 중심으로부터 그 반지름의 △배에 해당하는 거리만큼 떨어진 곳을 지나가는 광선의 편향각(α)은 그 크기가 다음과 같다.

$$\alpha = \frac{1.7초}{\triangle}$$

상대성의 일반이론에 따르면 이런 편향각 가운데 절반은 태양의 뉴턴적 인력장에 의해 생겨나는 것이고 나머지 절반은 태양으로 인해 초래된 공간의 기하학적 수정('구부러짐')에 의해 생겨나는 것이라는 말을 여기서 해둘 수 있겠다.

위와 같은 결과에 대해서는 개기일식 때 별의 사진을 촬영해 비교해보는 방식으로 실험적 검증을 할 수 있다. 우리가 개기일식을 기다려야 하는 이유는 단 하나인데, 그것은 그 밖의 다른 시간에는 언제나 대기가 태양에서 오는 빛에 의해 워낙 강하게 조명되기 때문에 태양의 원판 근처에 위치한 별이 보이지 않는다는 것이다. 예상되는 효과는 〈그림 5〉를 보면 분명히 알 수 있다. 만약 태양(S)이 없다면 사실상 무한히 먼 곳에 있는 별이 지구에서 관찰할 때 D_1의 방향에서 보일 것이다. 그러나 그 별에서 오는 빛이 태양에 의해 편향되는 결과로 실제로는 그 별이 D_2의 방향에서, 즉 태

〈그림 5〉

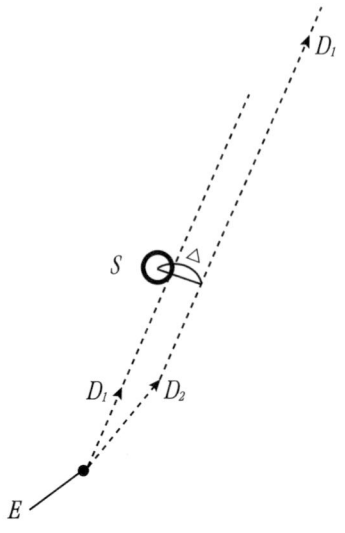

양의 중심으로부터 떨어진 거리가 그 별의 실제 위치에 대응하는 거리보다 다소 더 먼 곳에서 보일 것이다.

실제로 이 문제가 다음과 같은 방식으로 검증된다. 태양과 가까운 위치에 있는 것으로 보이는 별을 개기일식 때 사진으로 촬영한다. 이에 더해 태양이 하늘의 다른 위치에 있을 때, 그러니까 몇 달 전이나 후에 똑같은 별을 사진으로 촬영한다. 기준이 되는 이 두 번째 사진과 비교하면 개기일식 때 찍은 사진에 나오는 별의 위치는 태양의 반지름 바깥 방향으로(태양의 중심에서 멀어지는 방향으로) 각도 a에 대응하는 정도만큼 옮겨져 있는 것으로 보일 것이 틀림없다.

이 중요한 연역결과에 대한 조사에서는 영국의 학술원과 천문학회에 우리가 빚을 졌다. 이 두 학술단체는 전쟁[48]과 그 전쟁이 불러온 물질적, 심리적 양 측면의 어려움에도 굴하지 않고 두 개의 원정조사대(하나는 소브라우(브라질)로, 다른 하나는 프린시페 섬(서아프리카)으로 보낼 원정조사대)를 꾸려 파견하고, 영국의 가장 유명한 천문학자 가운데 몇 사람(에딩턴, 코팅엄, 크로멀른, 데이비드슨)을 보냈다. 이는 1919년 5월 29일의 일식을 사진으로 촬영하기 위한 것이었다. 그 일식이 진행되는 동안에 촬영한 별들의 사진과 비교의 기준으로 삼은 사진 사이의 상대적 차이는 1밀리미터의 몇 백 분의 1에 불과할 것으로 예상됐다. 따라서 그 사진을 촬영하는 데서 요구되는 장비의 조정과 그에 이은 측정에서 매우 높은 정밀도가 필요했다.

측정의 결과는 완전히 만족스러울 정도로 이론을 확인해주었다. 별들이 보이는 위치의 편차에 대한 관측된 값(초)과 계산된 값(초)의 직교좌표 요소들은 아래 결과표에 나열돼있다.

별의 번호	(제1좌표)		(제2좌표)	
	관측된 값	계산된 값	관측된 값	계산된 값
11	−0.19	−0.22	+0.16	+0.22
5	+0.29	+0.31	−0.46	−0.43
4	+0.11	+0.10	+0.83	+0.74
3	+0.20	+0.12	+1.00	+0.87
6	+0.10	+0.04	+0.57	+0.40
10	−0.08	+0.09	+0.35	+0.32
2	+0.95	+0.85	−0.27	−0.09

---

[48] (역주) 1차 세계대전.

(c) 스펙트럼선의 적색쪽 변위

갈릴레이계 K를 기준으로 회전하는 계 K'에서는 회전하는 기준체를 기준으로 정지상태에 있는 것으로 간주되고 구조가 동일한 두 개의 시계가 각각의 위치에 따라 다른 속도로 간다는 사실이 23절에서 증명됐다. 이제 우리는 위치에 대한 시계의 이런 의존을 양적으로 살펴보기로 한다. 원판의 중심에서 거리 r만큼 떨어진 곳에 위치한 시계는 K를 기준으로 다음 방정식에 의해 주어지는 속도를 갖는다.

$$v = wr$$

여기서 w는 K를 기준으로 원판 K'가 회전하는 각속도를 나타낸다. 시계가 정지상태에 있을 때 K를 기준으로 단위시간당 시계가 째깍거리는 횟수(시계의 '속도')를 v_0라고 하면, 시계가 K를 기준으로 속도 v로 운동하지만 원판을 기준으로 보면 정지상태에 있을 때의 시계의 '속도(v)'는 12절에 따르면 다음의 수식에 의해 주어질 것이다.

$$v = v_0 \sqrt{1 - \frac{v^2}{c^2}}$$

이것은 충분한 정확도를 유지하면서 다음과 같이 바꿔 쓸 수 있다.

$$v = v_0 (1 - \frac{1}{2} \frac{v^2}{c^2})$$

이 수식은 다음과 같은 형태로도 진술할 수 있다.

$$v = v_0(1 - \frac{1}{c^2}\frac{w^2 r^2}{2})$$

시계의 위치와 원판의 중심 사이의 원심력 퍼텐셜의 차이를 $\varPhi$로 표시하기로 하자. 여기서 $\varPhi$는 회전하는 원판 위의 시계가 있는 위치에서 그 원판의 중심으로 한 단위의 질량을 옮기려고 할 때 원심력을 거스르는 방향으로 그 질량에 대해 수행돼야 하는 일을 반대방향으로 본 것이다. 이렇게 하면 우리는 다음 수식을 얻게 된다.

$$\varPhi = \frac{w^2 r^2}{2}$$

이로부터 다음과 같은 결과가 나온다.

$$v = v_0(1 + \frac{\varPhi}{c^2})$$

먼저 이 수식으로부터 우리는 동일한 구조로 만들어진 두 개의 시계가 원판의 중심에서 상이한 거리만큼 떨어진 위치에 있을 때에는 상이한 속도로 가리라는 것을 알 수 있다. 이런 결과는 원판과 함께 회전하는 관찰자의 관점에서도 타당하다.

그런데 원판을 기준으로 판단하면 그 관찰자는 퍼텐셜 $\varPhi$의 중력장 속에 있고, 따라서 우리가 얻은 결과는 중력장들에 대해 매우 일반적으로 성립할 것이다. 더 나아가 우리는 스펙트럼선을 방출하는 원자를 일종의 시계로 간주할 수 있으므로 다음과 같은 진술이 성립할 것이다.

원자는 자신이 위치한 중력장의 퍼텐셜에 의존하는 진동수를 가진 빛을 흡수하거나 방출한다.

어떤 천체의 표면에 위치한 원자의 진동수는 자유공간 속(또는 보다 작은 천체의 표면)에 위치한 동일 원소 원자의 진동수보다 다소 작을 것이다. 이제 뉴턴의 중력상수를 K, 천체의 질량을 M이라고 하면 $\Phi = -K\frac{M}{r}$이 된다. 따라서 별의 표면에서 생성된 스펙트럼선을 지구의 표면에서 생성된 동일 원소의 스펙트럼선과 비교해보면 별의 표면에서 생성된 스펙트럼선에서 적색 쪽으로 변위되는 현상이 일어날 것이 틀림없다. 그리고 이런 변위의 크기는 다음과 같을 것이다.

$$\frac{v_0 - v}{v_0} = \frac{KM}{c^2 r}$$

태양의 경우에는 이론에 의해 예측되는 적색 쪽으로의 변위가 파장의 약 100만 분의 2에 해당한다. 다른 별들의 경우에는 신뢰할 만한 계산이 가능하지 않은데, 그 이유는 일반적으로 그 질량 M도, 그 반지름 r도 알 수 없다는 데 있다.

이런 효과가 존재하는지의 여부는 아직 합의된 결론이 내려지지 않은 문제이며, 현재의 시점[49]에도 천문학자들이 이 문제에 대한 해답을 찾기 위해 대단히 열정적으로 연구하고 있다. 태양의 경우에 이런 효과가 작기 때문에 그 효과의 존재에 대해 어떤 하나의 의견을 형성하기가 어렵다. 독일 본에 거주하는 연구자 그레베(Grebe)와 바헴(Bachem)은 시안 띠에 대한

---

49 (역주) 1920년.

그들 자신의 측정과 에버셰트(Evershed) 및 슈바르츠실트(Schwarzschild)의 측정으로부터 위와 같은 효과의 존재를 거의 의심할 수 없다는 결론을 도출했지만, 특히 세인트 존(St. John)을 비롯한 다른 연구자들은 그들 자신의 측정으로부터 정반대되는 결론을 도출했다.

스펙트럼에서 굴절도가 낮은 쪽을 향한 스펙트럼선의 평균적인 변위는 항성에 대한 통계적 연구에 의해 확실하게 밝혀졌다. 그러나 이러한 변위가 실제로 중력의 효과와 연관이 있는지의 여부에 대해서는 입수할 수 있는 데이터를 아무리 살펴보아도 아직은 확정적인 결론을 내릴 수 없다. 〈일반 상대성 이론의 증명을 위해〉[50]라는 프로인틀리히(E. Freundlich)의 논문은 관찰의 결과들을 수집하고, 여기서 우리가 주목하게 된 문제의 관점에서 그것들을 자세히 논의했다.

어쨌든 앞으로 몇 년 동안에 어떤 확정적인 결론이 내려질 것이다.[51] 중력 퍼텐셜에 의한 스펙트럼선의 적색 쪽 변위가 존재하지 않는다면 상대성의 일반이론은 지탱될 수 없을 것이다. 반면에 스펙트럼선이 변위되는 원인을 확정적으로 중력 퍼텐셜에 귀착시킬 수 있게 된다면 그러한 변위에 대한 연구가 천체의 질량에 관한 중요한 정보를 우리에게 제공해줄 것이다.

---

50 Die Naturwissenschaften, 1919, No. 35, p. 520: Julius Springer, Berlin.
51 (역주) 스펙트럼의 적색 끝 쪽으로 스펙트럼선이 변위된다는 것은 1924년에 애덤스에 의해 확인됐다. 그는 태양보다 이런 효과가 30배가량 더 큰 시리우스의 조밀한 동반성을 관찰하는 것을 통해 그러한 변위를 확인했다.

04 상대성의 일반이론에 따른 공간의 구조
(32절에 대한 보충)

이 얇은 책의 초판이 출간된 뒤로 공간 전체의 구조('우주론적 문제')에 대한 우리의 지식이 중요한 발전을 이루었고, 우리는 이 주제에 대한 대중적인 설명으로라도 여기서 그것을 언급해야겠다. 이 주제에 대해 나는 원래 다음과 같은 두 개의 가설을 토대로 고찰했다.

(1) 공간 전체에 걸쳐 모든 곳에서 동일하며 영이 아닌 평균 물질밀도가 존재한다.
(2) 공간의 크기('반지름')는 시간과 무관하다.

상대성의 일반이론에 따르면 두 가설 모두 모순을 일으키지 않는 것으로 증명되지만, 그렇게 되기 위해서는 장 연립방정식에 하나의 가설적인 항('장 연립방정식의 우주론적 항')이 추가돼야 했다. 그 항은 상대성의 일반이론 그 자체에 의해 요구되는 것도 아니었고, 이론의 관점에서 볼 때 자연스럽다고 생각되는 것도 아니었다.

그때 내가 보기에 가설 (2)는 불가피한 것 같았다. 왜냐하면 그 가설에서 벗어나면 끝없는 추측에 빠져들게 된다고 생각했기 때문이다.

그러나 1920년대에 이미 러시아인 수학자 프리드만[52]이 이와 다른 어떤 가설이 순수하게 이론적인 관점에서 볼 때 자연스러움을 증명했다. 그는 가설 (2)를 기각할 자세를 갖고 있다면 중력의 장 연립방정식에 그리 자연스럽지 못한 우주론적 항을 도입하지 않고도 가설 (1)을 보존하는 것이 가능함을 알아냈다. 이는 곧 애초의 장 연립방정식에서 '세계 반지름'이 시간에 의존하게 되는 해(팽창하는 공간)를 구할 수 있다는 뜻이었다. 프리드만에 따르면 이런 의미에서 상대성의 일반이론은 공간의 팽창을 요구한다고 말할 수 있다.

몇 년 뒤에는 허블[53]이 우리의 은하 밖에 있는 별구름('은하수')에 대해 특별히 실시한 조사를 통해 그런 별구름에서 방출된 스펙트럼선이 거리가 먼 별구름에서 방출된 것일수록 규칙적으로 더 큰 폭의 적색이동을 보여줌을 증명했다. 이는 지금 우리가 갖고 있는 지식으로는 도플러 원리의 의미에서만 해석될 수 있다. 즉 그것은 항성계 전체가 팽창하는 운동을 하고 있음을 보여주는 것이다. 프리드만에 따르면 이는 중력의 장 연립방정식에 의해 요구되는 것이기도 하다. 따라서 허블의 발견은 어느 정도는 상대성의 일반이론을 확인해주는 것으로 간주될 수 있다.

그러나 기이한 난점이 하나 생겨난다. 허블이 발견한 은하 스펙트럼선의 적색이동을 팽창으로 보는 해석(이는 이론의 관점에서는 의심하기 어렵다)은 그 팽창이 '불과' 10^9년 전쯤에 시작됐다는 결론으로 우리를 인도하는데, 물리적 천문현상은 개별 항성과 항성계의 발전에 그보다 상당히

---

[52] (역주) 알렉산더 프리드만(Alexander Friedmann). 1888~1925. 러시아의 수학자, 물리학자.
[53] (역주) 에드윈 허블(Edwin Powell Hubble). 1889~1953. 미국의 천문학자.

더 긴 세월이 걸리는 것으로 여겨지게 한다. 이런 모순을 어떻게 극복해야 하는지는 전혀 알려진 바가 없다.

    나는 더 나아가 팽창하는 우주의 이론은 천문학의 경험적 데이터와 더불어 공간(3차원)의 성질이 유한한지 무한한지에 대해 어떠한 판단에 도달하는 것도 허용하지 않는다는 점을 말해두고 싶다. 이와 달리 공간에 대한 애초의 '정태적' 가설은 공간의 폐쇄성(유한성)이라는 결과를 낳은 바 있다.

05 상대성과 공간 문제[54,55]

물질에만이 아니라 공간과 시간에도 독립적이고 실제적 존재를 부여해야 하는 것이 뉴턴 물리학의 특징이다. 왜냐하면 뉴턴이 수립한 운동의 법칙에는 가속도라는 개념이 등장하기 때문이다. 그러나 그 이론에서는 가속도가 단지 '공간과 관련된 가속도'만을 의미할 수 있다. 따라서 운동의 법칙에 등장하는 가속도를 어떤 내용이든 의미를 가진 크기로 간주할 수 있으려면 뉴턴의 공간이 '정지상태'에 있거나 적어도 '가속되지 않는 상태'에 있는 것으로 생각해야만 한다. 이와 비슷하게 가속도라는 개념에 당연히 들어가는 시간에 대해서도 거의 같은 논리가 성립한다.

뉴턴 자신과 그에게 가장 비판적이었던 동시대인들은 사물이 물리적으로 실재하는 근거를 그 운동상태와 공간 그 자체라는 두 가지 모두에 있다

---

54 (역주) 이 절은 1952년에 추가된 것이다.
55 나의 오랜 친구이자 학술원 회원인 S. R. 밀너 명예교수는 1920년에 이 책의 원래 영어 번역본에 대해서도 그랬지만 이번에 새로 추가된 부록의 영어 번역문에 대해서도 그것을 읽고 개선을 위한 많은 제안을 해줌으로써 이 분야에서 그가 쌓아온 독보적인 경험을 나에게 나누어주는 혜택을 또 다시 베풀었다. 그에게 깊이 감사한다. 또한 리버풀대학 수학과의 A. G. 워커 교수에게도 깊이 감사하는데, 그도 이 부록을 읽고 여러 가지 도움이 되는 제안을 해주었다. R. W. L.(영어 번역본 역자)

고 봐야 한다는 데서 혼란을 느꼈다. 그러나 당시에는 역학에 분명한 의미를 부여하고자 한다면 그렇게 보는 것 말고는 다른 도리가 없었다. 사실 물리적 실재의 근거를 일반적인 공간에서, 특히 빈 공간에서 찾아야 한다는 것은 까다로운 요구다. 아주 먼 옛날부터 철학자들은 그러한 전제조건에 수도 없이 거듭해서 저항해왔다. 데카르트는 대체로 다음과 같은 논리의 주장을 폈다. 공간은 외연(外延, Extension)과 같은 것이지만, 외연은 물체와 연관된 것이다. 그러므로 물체가 없으면 공간이 없고, 따라서 빈 공간이라는 것은 없다. 이런 논증의 약점은 주로 다음과 같은 점에 있다. 외연이라는 개념이 딱딱한 물체들을 늘어놓거나 서로 접촉시켜본 우리의 경험에서 기원한 것임은 틀림없는 사실이다. 그렇다고 해서 외연이라는 개념이 형성되는 데 기여하지 않은 경우에 대해서는 그 개념을 사용하는 것이 정당화되지 못할 수도 있다는 결론을 내릴 수는 없다. 개념의 그와 같은 확장은 경험적 결과를 파악하는 데서 그것이 갖는 가치에 의해 간접적으로 정당화될 수 있다.

따라서 외연이 물체와 연관해서만 존재한다는 주장은 근거가 없는 것이 분명하다. 그럼에도 우리는 나중에 상대성의 일반이론이 우회적인 방식으로 데카르트의 관념을 긍정함을 보일 것이다.

데카르트로 하여금 주목할 만한 그의 매력적인 관념을 갖게 만든 것은 어쩔 수 없이 필요한 경우가 아닌 한 실재하는 사물의 근거를 '직접적인 경험'[56]이 불가능한 공간과 같은 것에서 찾아서는 안 된다는 생각이었던 것이 분명하다.

공간이라는 관념 또는 그 필요성의 심리적 기원은 우리에게 흔한 사고 습관을 토대로 해서 생각할 때 자명해 보이는 만큼 실제로 자명한 것은 결코 아니다. 옛날의 기하학자들은 개념적인 대상물(직선, 점, 면)을 다루었지만 공간에 대해서는 나중에 해석기하학이 다룬 방식처럼 정말로 공간 그 자체로 다루지 않았다. 그렇지만 공간이라는 관념은 어떤 원시적 경험에 의해 제시된 것이다. 하나의 상자가 만들어졌다고 가정하자. 그러면 그 상자 안에 특정한 방식으로 물체를 집어넣어 그 상자를 가득 채울 수 있다. 이렇게 할 수 있는 것은 물질적 대상물인 '상자'의 한 속성이며, 상자와 더불어 주어진 어떤 것, 즉 '상자로 둘러싸인 공간' 덕분에 그런 것이다. 그 공간은 상자마다 다른 어떤 것이고, 어느 순간에든 상자 안에 어떤 물체든 물체가 들어있는지의 여부와는 전적으로 당연히 무관하다고 여겨지는 어떤 것이다. 상자 안에 아무런 물체도 들어있지 않을 때에는 그 공간이 '비어 있는' 것으로 여겨진다.

지금까지는 우리의 공간 개념이 상자와 연관됐다. 그러나 상자공간을 형성하는 저장의 가능성은 상자의 두께와 무관함이 드러난다. 상자의 두께를 줄여서 영으로 만들되 그 결과로 '공간'이 손상되지 않도록 할 수는 없을까? 그러한 극한화 과정은 자연스러운 것임이 분명하므로, 이제 우리가 생각해야 할 것으로는 상자가 없는 공간만 남게 된다. 이것은 자명한 것이지만, 만약 우리가 그와 같은 공간 개념의 기원을 잊어버린다면 이것이 매우 비현실적인 것으로 여겨질 것이다. 공간을 물질적 대상물과 무관한 것, 즉 물질 없이도 존재할 수 있는 것으로 간주한다는 것이 데카르트에게는 마음에 거슬려서 받아들일 수 없는 생각이었다는 점을 우리는 이해할 수 있다.[57] (이와 동시에, 그런 점이 그로 하여금 공간을 자신의 해석기하학

---

[56] 이 표현은 에누리해서 조심스럽게 받아들여야 한다.
[57] 그러나 공간의 객관적 실재성을 부인함으로써 이러한 당혹스러움을 제거하려고 한 칸트의 시도는 진지하게 받아들여지기 어렵다. 상자의 내부 공간에 내재된 '채워 넣을 가능성'은 상자 그 자체 및 상자 안에 채워 넣어지는 물체와 같은 의미에서 객관적이다.

에서 기본적인 개념으로 다루는 것을 막지는 않았다.) 수은기압계 속의 진공에 주목하게 된 것이 데카르트주의자로 마지막까지 남았던 사람들을 무장해제시킨 것이 분명하다. 이런 원시적인 단계에서도 공간이라는 개념에, 또는 독립적으로 실재하는 것으로 간주된 공간이라는 것에 뭔가 불만족스러운 것이 들러붙어 있었다는 사실은 부인할 수 없다.

공간(예컨대 상자) 속에 물체를 어떤 방식으로 채워 넣을 수 있는가는 3차원 유클리드 기하학의 주제이고, 유클리드 기하학의 공리적 구조는 우리를 속여서 그 기하학이 실현가능한 상황에 관한 것이라는 사실을 잊게 만들기 쉽다.

이제 공간이라는 개념이 앞에서 개략적으로 서술한 대로 형성됐고, 상자에 물체를 '채워 넣는' 일에 관한 경험대로 그 공간에 대해 행위했다고 하면, 그 공간은 경계가 있는 공간이 된다고 우선 말할 수 있다. 이런 제한은 그러나 본질적인 것으로 보이지 않는다. 왜냐하면 언제나 더 큰 상자를 도입해 상대적으로 작은 상자가 거기에 내포되게 할 수 있는 게 분명하기 때문이다. 이런 식으로 하면 공간이 뭔가 경계가 없는 것으로 보이게 된다.

나는 여기서 공간의 3차원적 성질과 유클리드적 성질이라는 개념의 기원을 어떻게 해서 상대적으로 원시적인 경험에서 찾을 수 있는지에 대해서는 검토하지 않겠다. 나는 무엇보다 먼저 물리학적 사고가 발전하는 과정에서 공간이라는 개념이 해온 역할을 다른 여러 가지 관점에서 검토해보겠다.

작은 상자 s가 큰 상자 S의 빈 공간 안에 상대적으로 정지된 상태로 들어 있다면 s의 빈 공간은 S의 빈 공간 가운데 일부분이고, s의 빈 공간과 S의 빈 공간을 동시에 포함하는 동일한 '공간'은 두 상자 모두에 속한다. 그러나 s가 S를 기준으로 운동하고 있을 때에는 개념이 덜 단순해진다. 이럴 때에는 우리가 s는 언제나 동일한 공간을 감싸 안고 있지만 공간 S 가운데 s가 감싸 안고 있는 부분은 달라진다고 생각하는 경향이 있다. 그래서 두 상자 각각에 경계가 있다고 생각되지 않는 특정한 공간을 배정해야 할 필요가 있게 되고, 그 두 개의 공간이 서로를 기준으로 운동하고 있다고 가정해야 할 필요가 있게 된다.

이렇게 복잡해짐을 인식하게 되기 전에는 공간이란 경계가 없는 매질 또는 용기와 같고 그 속에서 물체가 이리저리 유영하는 것처럼 여겨진다. 그러나 이제는 서로를 기준으로 운동하는 공간들이 무한히 많이 존재한다는 사실을 상기해야 한다. 객관적으로, 그리고 사물과 무관하게 존재하는 어떤 것으로서의 공간이라는 개념은 과학 이전의 사고에 속하지만, 서로에 대해 상대적으로 운동하는 무한히 많은 수의 공간이 존재한다는 관념은 그렇지 않다.

이런 후자의 관념은 사실 논리적으로 볼 때 불가피한 것이지만, 그동안 과학적 사고에서조차 결코 그렇게 큰 역할을 해오지 못했다.

그런데 시간이라는 개념의 심리적 기원은 어떠할까? 이 개념이 '마음속에 떠올린다'는 사실과 연관된 것인 동시에 감각의 경험과 그 경험에 대한 회상의 차별화와도 연관된 것임은 의심할 나위가 없다. 감각의 경험과 그 경험에 대한 회상(또는 단순한 재현)의 차별화가 심리적으로 우리에게 직접 주어진 것인지에 대해서는 당연히 의문을 품을 여지가 있다. 어떤 것을 자신의 감각으로 실제로 경험했는지, 아니면 단지 그것에 관한 꿈을 꾸었을 뿐인지를 알지 못해 어리둥절해본 적이 누구에게나 있을 것이다. 아마도 그 두 가지를 분간하는 능력은 처음에는 질서를 만들어내는 정신활동의 결과로 생겨났을 것이다.

경험은 '회상'과 연관되며, 회상은 현재의 '경험'과 비교해 '먼저'인 것으로 간주된다. 이것이 바로 회상된 경험들에 대한 관념적 순서부여 원리이며, 이렇게 할 수 있다는 것이 시간에 대한 주관적 개념, 즉 개인의 경험들을 배열하는 일과 관련된 시간의 개념을 발생시킨다.

시간의 개념을 객관화한다는 것은 무슨 의미일까? 하나의 사례를 검토해보자. A라는 사람('나')이 '번개가 친다'는 것을 경험한다. A는 이와 동시에 B라는 사람의 어떤 행위도 경험하는데, 이때 B의 그 행위가 '번개가 친다'는 A 자신의 경험과 연관성을 갖게 된다고 하자. 그러면 A는 B를 생각하면 '번개가 친다'는 경험을 연상하게 된다. A의 머릿속에 '번개가 친다'는 경험을 다른 사람들도 같이 한다는 생각이 떠오른다. '번개가 친다'가 이제는 더 이상 전적인 개인의 경험으로만 해석되지 않고, 다른 사람들의 경험으로도(또는 궁극적으로는 '잠재적 경험'으로만) 해석된다. 이런 식으로 해서 원래는 하나의 '경험'으로 의식 속에 들어온 '번개가 친다'는 것이 이제는 하나의 (객관적인) '사건'으로도 해석된다. 우리가 '실제의 외부 세계'에 관해 이야기할 때 그 의미는 모든 사건의 총합과 같다.

우리의 경험들에 시간적 순서를 부여해야 한다는 생각을 우리가 하게 된다는 것을 앞에서 보았다. 그 방식은 대체로 다음과 같다. β가 α보다 나중의 경험이고 γ가 β보다 나중의 경험이라면 γ는 α보다도 나중의 경험이다('경험의 순차배열').

그렇다면 이제 이런 맥락에서 우리가 경험들과 연관시킨 '사건들'에 대한 우리의 입장은 무엇일까? 얼핏 보기에는 경험들의 시간적 배열과 일치하는 사건들의 시간적 배열이 존재한다고 가정한 것이 분명해 보인다. 일반적으로는, 그리고 무의식적으로는 실제로 그렇게 됐지만, 회의적인 태도로 의심을 갖게 될 때까지만 그렇다.[58] 객관적인 세계에 대한 관념에 도달하기 위해서는 아직은 구성력을 가진 또 하나의 개념이 필요하다. 그것은 사건에 시간적 위치만 부여돼서는 안 되고 공간적 위치도 부여돼야 한다는 점과 관련된 개념이다.

앞의 여러 단락에 걸쳐 우리는 공간, 시간, 사건이라는 개념이 심리적으로 경험과 어떻게 관련될 수 있는가를 묘사하려고 했다. 논리적으로 고찰하면 그것은 인간의 지능이 자유롭게 만들어낸 사고의 도구이며, 경험들을 서로 연관시킨다는 목적에 기여하고 또 그렇게 함으로써 경험들을 더 잘 조망할 수 있게 해준다.

이런 기본적인 개념들의 경험적 원천을 알아내려는 시도를 해보면 우리가 실제로 어느 정도나 그 개념들에 구속돼있는지를 알게 된다. 이런 방식으로 우리는 우리의 자유를 인식하게 되지만, 필요할 경우에 그 자유를 현명하게 사용하는 것은 언제나 어려운 문제다.

우리는 여기서 그칠 수 없고, 공간-시간 사건(이것을 심리의 영역에서 유래한 개념과 대조되게끔 '공간꼴(space-like)'이라는 보다 간단한 이름으로 부르겠다)이라는 개념의 심리적 기원에 대한 위와 같은 개략적인 설명에 뭔가 기본적인 것을 추가해야 한다. 우리는 공간이라는 개념을 상자와 그 안에 채워 넣는 물체를 이용해 경험과 연관시켰다. 따라서 이런 식의 개념 형성은 물질적 대상물(예를 들면 '상자')이라는 개념을 이미 전제하고 있다. 이와 마찬가지로 시간에 대한 객관적인 개념의 형성을 위해서는 도입돼야 하는 인간도 같은 맥락에서 물질적 대상물의 역할을 하게 된다. 따라서 나에게는 물질적 대상물에 대한 개념의 형성이 시간과 공간에 대한 우리의 개념보다 앞설 수밖에 없는 것으로 여겨진다.

---

58 예를 들어 청각적 수단에 의해 얻어진 경험들의 시간적 순서는 시각적 수단에 의해 얻어진 경험들의 시간적 순서와 다를 수 있다. 따라서 사건들의 시간적 배열순서와 경험들의 시간적 배열순서를 무작정 동일시할 수 없다.

이런 공간꼴 개념들은 모두 심리의 분야에서 비롯된 고통, 목적, 의도와 같은 개념과 더불어 과학 이전의 사고에 이미 속해 있었던 것이다. 그런데 원리상 '공간꼴'의 개념들만을 가지고 생각을 하고 그런 개념들의 도움을 받아 법칙의 형태를 가진 관계들을 모두 표현해보려고 애쓰는 것이 물리학에서, 그리고 일반적으로는 자연과학에서 지향하는 사고의 특징이다. 물리학자는 색과 음을 진동으로 환원시키려고 하고, 생리학자는 생각과 고통을 신경의 과정으로 환원시키려고 한다. 그리고 그 방식은 심리적인 요소 그 자체를 존재의 인과관계로부터 배제해서 인과적 연관 속에서는 어디에서도 그것이 독립적인 연결고리로 나타나지 않게 하는 것이다. 공간꼴 개념들만을 전적으로 이용해서 모든 관계를 파악하는 것이 원리상 가능하다고 간주하는 이런 태도가 바로 오늘날 '유물론(materialism)'이라는 말로 이해되는 것(왜냐하면 '물질'은 기본적인 개념으로서의 그 역할을 상실했기 때문이다)임은 의심할 나위가 없다.

왜 자연과학적 사고의 기본적인 관념들을 신이 사는 올림포스 산과 같은 플라톤의 영역으로부터 끌어내리고 그 지상의 혈통을 밝히려는 노력을 기울여야 할 필요가 있는 것일까? 정답은 이렇다. 그 관념들에 붙여진 금기로부터 그 관념들을 해방시키고, 그렇게 해서 관념이나 개념을 형성하는 데서 더 큰 자유를 확보하기 위해서다. 다른 누구보다도 흄(D. Hume)[59]과 마흐(E. Mach)가 이런 결정적인 생각을 처음으로 한 것은 이 두 사람이 남긴 불후의 업적이다.

과학은 공간, 시간, 물질적 대상물(그 중요한 특수 경우인 '고체'를 포함해)이라는 개념을 과학 이전의 사고로부터 넘겨받아서 수정하고 보다 정

---

[59] (역주) 데이비드 흄(David Hume), 1711~76. 영국(스코틀랜드)의 철학자.

밀한 것으로 만들었다. 과학이 처음으로 거둔 중요한 성취는 유클리드 기하학의 발전이지만, 그것이 공리로 공식화된 형태가 우리로 하여금 그 경험적 기원(고체들을 벌려 놓거나 나란히 모아 놓을 수 있는 가능성)을 보지 못하도록 우리의 눈을 가리게 해서는 안 된다. 특히 공간의 3차원적 성질과 유클리드적 성질은 경험에서 기원한 것이다(그와 같은 공간은 서로 똑같은 모양으로 만들어진 '정육면체'들로 완전히 가득 채울 수 있다).

완전한 강체는 존재하지 않는다는 사실이 발견됨에 따라 공간이라는 개념이 더욱 야릇한 것이 됐다. 모든 물체가 신축적으로 변형될 수 있고, 온도의 변화에 따라 다른 부피를 갖는다. 따라서 유클리드 기하학에 의해 서로 일치할 수 있음이 설명돼야 할 구조들이 물리학적 개념을 제쳐 놓고는 표현될 수 없게 됐다. 그러나 어쨌든 물리학은 그 개념들을 수립하는 데서 기하학을 이용해야 하므로 기하학의 경험적 내용은 물리학 전체의 틀 속에서만 진술되고 검증될 수 있다.

이런 맥락에서 원자학과 유한한 분할성이라는 원자학의 개념도 염두에 둬야 한다. 왜냐하면 아원자 수준으로 확장된 공간은 측정할 수 없기 때문이다. 원자학은 우리로 하여금 고체의 경계를 이루는 원리상 분명하고 정태적으로 정의된 표면이라는 관념을 포기하도록 강요하기도 하기 때문이다. 그런데 엄격하게 말하면 육안으로 관찰되는 거시적 영역에서도 고체들을 서로 접촉하도록 배열할 수 있게 해주는 정밀한 법칙은 존재하지 않는다.

이러함에도 불구하고 아무도 공간이라는 개념을 포기할 생각을 하지 않았다. 왜냐하면 탁월하게 만족스러운 자연과학의 체계 전체 속에서 그 개념이 불가결한 것으로 보였기 때문이다. 19세기에는 마흐가 공간이라는 개념을 배제하는 것을 진지하게 생각한 유일한 사람이었다. 이렇게 말할 수 있는 것은 그가 공간이라는 개념을 모든 물질점 사이의 순간거리 전체라는 개념으로 대체하려고 했기 때문이다(그가 이런 시도를 한 것은 관성에 대한 만족스러운 이해에 도달하기 위해서였다).

05-a 장

뉴턴의 역학에서는 공간과 시간이 이중의 역할을 한다. 첫째로, 공간과 시간은 물리적 과정에서 일어나는 것에 대해 운반자 또는 틀의 역할을 하며, 이것을 기준으로 한 공간좌표와 시간에 의해 사건이 묘사된다. 원리상 물질은 '물질점'들로 구성된 것으로 간주되고, 물질점들의 운동이 물리적 현상을 구성한다. 물질이 연속적인 것으로 간주되기도 하는데, 이는 불연속적인 구조를 묘사하고 싶지 않거나 묘사할 수 없는 경우에 말하자면 잠정적으로 그렇게 하는 것이다. 이런 경우에는, 적어도 우리가 운동에만 관심을 갖고 있을 뿐 당장은 운동에 귀속시킬 수 없거나 운동에 귀속시켜봐야 유용한 목적에 기여하는 바가 전혀 없는 사건의 발생(예를 들어 온도의 변화나 화학적 과정)에는 관심을 갖고 있지 않은 한, 물질의 작은 부분들(부피의 요소들)이 물질점과 유사하게 다뤄진다.

공간과 시간의 둘째 역할은 '관성계'가 되는 것이다. 생각해볼 수 있는 모든 기준계 중에서 관성계가 기준계로서 가장 유리하다고 생각되는 것은 그것을 기준으로 관성의 법칙이 타당함을 주장할 수 있기 때문이다.

여기서 핵심적인 점은 경험을 하는 주체와 무관한 것으로 간주되는 '물리적으로 실재하는 것'이 적어도 원리상 한편으로는 공간과 시간으로 구성되고, 다른 한편으로는 공간과 시간을 기준으로 운동하면서 영속적으로 존재하는 물질점들로 구성돼있다고 보는 것이다. 공간과 시간이 독립적으로 존재한다는 관념은 극단적으로는 이런 식으로 표현될 수 있다. "만약 물질이 사라진다면 공간과 시간만이 남게 될 것이다(물리적 사건이 발생하는 일종의 무대로서)."

이러한 관점의 극복은 처음에는 공간-시간의 문제와는 아무런 관계도 없는 것으로 보였던 발전, 즉 장(場, field)이라는 개념이 등장하고 결국은 이 개념이 원리상 입자(물질점)라는 관념을 대체할 권리를 주장하게 된 결과로 이루어졌다. 고전 물리학의 틀 속에서 물질이 연속체로 다뤄지는 경우에 장이 보조적인 개념으로 등장했다. 예를 들어 고체 내부의 열전도를 고찰할 때 물체의 상태는 모든 특정한 시간에 물체의 모든 점의 온도를 제시하는 것에 의해 묘사된다. 수학의 관점에서 말하면, 이는 곧 온도 T가 공간좌표와 시간 t의 수학적 수식(함수)으로 표현된다(온도장)는 의미다.

열전도의 법칙은 열전도의 모든 특수한 경우를 포괄하는 하나의 국소적 관계(미분방정식)로 표현된다. 여기서 온도가 장이라는 개념의 한 가지 단순한 예가 된다. 온도는 좌표와 시간의 함수인 하나의 양(또는 여러 양들의 복합체)이다. 또 하나의 예로 액체의 운동에 대한 묘사를 들 수 있다. 이 예에서는 모든 점에서 어느 시간에나 그 시간의 어떤 속도가 존재하는데, 이것은 어떤 한 좌표계의 세 축을 기준으로 한 세 '성분'(벡터)으로 양적으로 묘사된다. 여기서도 특정한 점에서는 속도 벡터의 성분(장의 성분)이 각각 좌표(x, y, z)와 시간(t)의 함수다.

방금 이야기한 장은 무게가 있는 물질 안에서만 일어난다는 특성을 갖고 있다. 따라서 장은 그러한 물질의 상태를 묘사하는 데서만 유용하다. 장이라는 개념의 역사적 발전과정에서 물질이 존재하지 않는 곳에는 장도 존재할 수 없다고 여겨졌다. 그러나 19세기의 첫 사반세기에 탄성을 가진 고체 속의 역학적 진동의 장과 완전히 유사하게 빛도 일종의 파동의 장이라고 간주하면 빛의 간섭과 운동이라는 현상을 놀라울 정도로 분명하게 설명할 수 있음이 증명됐다. 이리하여 무게가 있는 물질이 존재하지 않는 경우에도 '빈 공간' 속에 존재할 수 있는 장의 개념을 도입해야 할 필요성이 느껴졌다.

이런 상태에 이르자 모순의 상황이 빚어졌다. 왜냐하면 장이라는 개념은 그 기원에 부합하자면 무게가 있는 물체 내부의 상태에 대한 묘사에만 국한해 사용돼야 하는 것으로 보였기 때문이다. 게다가 모든 장이 역학적 해석이 가능한 상태로 간주돼야 한다는 믿음이 있었고, 이런 믿음은 물질의 존재를 전제로 하는 것이었다는 점에서 그래야 하는 것이 더욱 확실해 보였다. 따라서 그동안 비어 있다고 간주되던 공간에 대해서조차도 '에테르'라고 불리는 물질의 한 형태가 그 안의 어느 곳에나 존재한다고 가정해야 한다는 압박감을 사람들이 갖게 됐다.

장을 역학적 운반자와 연관시키는 가정으로부터 장 개념이 해방된 것은 물리학적 사고의 발전에서 심리적 측면의 가장 흥미로운 사건들 가운데 하나다. 19세기 후반기에 패러데이와 맥스웰의 연구와 관련해 장의 관점에서 전자기적 과정을 묘사하는 것이 물질점이라는 역학적 개념을 토대로 그것을 다루는 것보다 훨씬 나음이 점점 더 분명해졌다. 맥스웰은 전기동역학에 장 개념을 도입함으로써 전자기파의 존재를 예측하는 데 성공했다. 전자기파와 광파는 전파속도가 같기 때문에 그 둘이 본질적으로 같음은 의심할 나위가 없었다. 그 결과로 광학이 원리상 전기동역학에 흡수됐다. 이런 대단한 성공의 심리적 효과 가운데 하나로 장 개념이 고전 물리학의 역학적 틀에 맞서는 것으로 간주되면서 그 독립성이 점점 더 강화됐다.

그러나 처음에는 전자기장을 에테르의 상태인 것으로 해석하는 것이 당연시됐고, 그런 상태를 역학적인 것으로 설명하려는 시도가 열기를 띠었다. 그러나 이런 노력이 언제나 좌절에 직면하게 되자 과학은 점점 더 그러한 역학적 해석을 포기해야 한다는 생각에 익숙해졌다. 그럼에도 불구하고 전자기장이 에테르의 상태여야 한다는 믿음은 여전히 남아 있었고, 이것이 세기 전환기의 상황이었다.

에테르 이론은 이런 의문을 수반했다. 무게가 있는 물체를 기준으로 하여 역학적 관점에서 볼 때 에테르는 어떠한 동태를 보이는가? 에테르는 물체의 운동에 참여하는가, 아니면 에테르를 구성하는 부분들이 서로에 대해 상대적으로 정지상태를 유지하는가? 이런 문제에 대한 판정을 내리기 위한 창의적인 실험이 많이 이루어졌다. 이와 관련해 두 개의 중요한 사실을 언급해야겠다. 하나는 지구의 연간 운동의 결과로 생겨나는 항성의 '광행차'이고, 다른 하나는 '도플러 효과', 즉 항성에서 방출되는 빛의 진동수가 알려져 있다고 할 때 항성의 상대적 운동이 우리에게 도달하는 빛의 진동수에 미치는 영향이다. 이런 두 가지 사실은 물론이고 마이컬슨과 몰리의 실험만을 제외한 모든 실험의 결과도 H. A. 로렌츠에 의해 설명됐다. 그의 설명에 전제가 된 것은 에테르는 무게가 있는 물체의 운동에 참여하지 않으며 에테르를 구성하는 부분들은 서로에 대해 상대적인 운동을 전혀 하지 않는다는 가정이었다. 이리하여 에테르는 말하자면 절대적인 정지상태에 있는 공간의 구현체로 등장했다. 그러나 로렌츠의 연구는 이보다 훨씬 더 많은 것을 성취했다. 그의 연구는 무게가 있는 물질이 전기장에 미치는 영향은(그리고 거꾸로 전기장이 무게가 있는 물질에 미치는 영향도) '물질을 구성하는 입자들이 그 입자들의 운동에 관여하는 전하를 띠고 있다'는 사실에서 전적으로 기인한다는 가정 아래 무게가 있는 물체 내부의 전자기적 과정과 광학적 과정 가운데 그 당시에 알려져 있던 것들을 모두 다 설명해

냈다. 마이컬슨과 몰리의 실험에 대해서는 그 실험에서 얻어진 결과가 정지상태에 있는 에테르에 관한 이론과 적어도 모순되지는 않음을 로렌츠가 증명했다.

이 모든 아름다운 성공에도 불구하고 이론의 상태가 아직은 완전히 만족스럽지 않았는데, 이는 다음과 같은 이유에서였다. 고전역학이 높은 수준의 근사도로 성립함은 의심할 나위가 없었는데, 그런 고전역학이 자연법칙의 공식화에서는 모든 관성계 또는 관성 '공간'이 동등하다고 가르치고 있었다. 다시 말해 어느 한 관성계에서 다른 한 관성계로 옮겨가더라도 자연법칙은 불변이라는 것이었다. 전자기학과 광학 분야의 실험도 상당히 높은 정확도로 똑같은 것을 가르쳤다. 그러나 전자기 이론의 토대는 하나의 특수한 관성계, 즉 정지상태에 있는 발광성 에테르의 관성계가 선호돼야 한다고 가르치고 있었다. 이런 이론적 토대의 관점은 너무나도 불만족스러운 것이었다. 고전역학과 같이 관성계들의 동등성(상대성의 특수원리)을 떠받쳐줄 수정이론을 찾을 수 있을까?

이런 질문에 대한 답이 바로 상대성의 특수이론이다. 상대성의 특수이론은 맥스웰-로렌츠 이론으로부터 빈 공간 속에서 빛의 속도가 일정하다는 가정을 넘겨받았다. 이런 가정을 관성계들의 동등성(상대성의 특수원리)과 조화시키기 위해서는 동시성의 절대적인 성질이라는 관념이 포기돼야 한다. 이에 더해 어느 하나의 관성계에서 다른 하나의 관성계로 옮겨갈 때에는 시간좌표와 공간좌표에 대한 로렌츠 변환이 뒤따른다. 상대성의 특수이론의 내용 전부가 다음과 같은 공리에 들어있다. "자연의 법칙은 로렌츠 변환에 대해 불변이다." 이런 요구의 중요성은 그것이 가능한 자연법칙을 하나의 분명한 방식으로 제한한다는 사실에 있다.

공간의 문제와 관련해서는 상대성의 특수이론이 어떠한 위치에 있을까?

무엇보다 먼저 우리는 현실의 4차원성이 이 이론에 의해 처음으로 새로 도입됐다는 견해를 경계해야 한다. 고전 물리학에서도 사건은 4개의 숫자, 즉 3개의 공간좌표와 1개의 시간좌표에 의해 그 위치가 부여됐다. 따라서 물리적 '사건들'은 그 전부가 4차원의 연속적 다면체 속에 들어있다고 생각됐다. 그러나 고전역학을 토대로 하면 이런 4차원 연속체가 1차원의 시간 부분과 3차원의 공간 부분으로 객관적으로 나누어지고, 3차원의 공간 부분에만 동시적인 사건들이 담기게 된다. 이런 분해는 모든 관성계에 대해 똑같이 이루어진다. 특정한 두 개의 사건이 어느 한 관성계를 기준으로 동시성을 갖고 있다면 당연히 모든 관성계에 대해 동시성을 갖고 있다는 것이다. 이것이 바로 고전역학의 시간은 절대적이라는 말을 우리가 할 때 그 말로 우리가 의미하는 것이다. 상대성의 특수이론에 따르면 이야기가 달라진다.

어느 하나의 선택된 사건과 동시에 일어나는 사건들의 총합이 특정한 관성계와 관련해 존재하는 것은 사실이지만, 이제는 더 이상 관성계의 선택과 무관하지 않다. 4차원 연속체가 이제는 더 이상 각각 동시적인 사건들이 담기는 부분들로 객관적으로 분해될 수 없다. 공간적으로 확장된 그 세계에서는 '지금'이라는 말이 객관적인 의미를 잃게 된다. 불필요한 관습적 임의성을 배제하고 객관적인 관계의 핵심을 표현하고자 한다면 공간과 시간을 객관적으로 분해되지 않는 하나의 4차원 연속체로 간주해야 하는 것은 바로 이 때문이다.

상대성의 특수이론이 모든 관성계가 물리적으로 동등함을 밝혀낸 뒤로 정지상태에 있는 에테르에 관한 가설이 유지될 수 없음이 그 이론에 의해 증명됐다. 따라서 전자기장이 물질적 운반자로 간주돼야 한다는 관념을 포기하는 것이 불가피해졌다. 이리하여 뉴턴의 이론에서 물질이라는 개념이 더 이상 환원시킬 수 없는 요소인 것과 같은 의미에서 장이 물리적 묘사에서 더 이상 환원시킬 수 없는 요소가 됐다.

지금까지 우리는 공간과 시간이라는 개념이 상대성의 특수이론에 의해 어떤 측면에서 수정되는지를 알아내는 데 주목했다. 이제는 상대성의 특수이론이 고전역학으로부터 넘겨받은 요소들에 주의를 집중하자. 여기서도 역시 관성계를 공간-시간 묘사의 토대로 삼아야만 자연법칙의 타당성을 주장할 수 있게 된다. 관성계를 기준으로 해야만 관성의 원리와 빛의 속도가 일정하다는 원리가 타당한 것이다. 장의 법칙도 관성계와 관련해서만 의미와 타당성을 갖는다고 주장할 수 있다.

따라서 고전역학에서와 같이 여기서도 공간은 물리적 현실을 표현하는 데서 독립적인 성분이 된다. 물질과 장이 제거된다고 상상하고 보면 관성공간이 남으며, 보다 정확하게 말하면 연관된 시간과 더불어 관성공간이 남는다. 그 4차원 구조(민코프스키 공간)는 물질의 운반자이자 장의 운반자라고 생각된다. 이런 관성공간이 그것과 연관된 시간과 더불어 유일하게 특별히 선호되는 4차원 좌표계가 되며, 이런 관성공간들은 선형 로렌츠 변환에 의해 서로 연관된다. 이와 같은 4차원 구조 속에서는 '지금'을 객관적으로 나타내는 부분이 더 이상 존재하지 않기 때문에 어떤 사건이 일어나고 있다거나 상태가 어떻게 변화하고 있다거나 하는 관념이 완전히 폐기되는 것은 아니지만 복잡해진다. 그래서 물리적 현실을 그동안과 같이 3차원 존재의 시간적 전개로 생각하는 대신에 4차원 존재로 생각하는 것이 더 자연스럽게 여겨진다.

상대성의 특수이론이 확고하게 상정하는 이런 4차원 공간은 어느 정도는 H. A. 로렌츠가 확고하게 상정한 3차원 에테르와 비슷한 것이다. 상대성의 특수이론의 경우에도 다음과 같은 진술이 타당하다. 물리적 상태에 대한 묘사는 공간을 애초부터 주어진 것이자 독립적으로 존재하는 것으로 가정한다. 따라서 이 이론도 '빈 공간'의 독립적인 존재, 또는 선험적인 존재에 관한 데카르트의 불편한 느낌을 제거해주지 못한다. 여기서 제시된 초보적인 논의의 진정한 목적은 이러한 의문이 상대성의 일반이론에 의해 어느 정도나 극복되는지를 보여주는 것이다.

05-b 상대성의 일반이론에서의 공간의 개념

상대성의 일반이론은 주로 관성질량과 중력질량의 동등성을 이해하려는 노력에서 비롯됐다. 우리는 하나의 관성계 S_1에서 출발하기로 한다. 이 관성계의 공간은 물리적 관점에서 볼 때 비어 있다. 다시 말해 우리가 지금 생각하는 공간의 부분에는 물질(통상적인 의미에서의)도 존재하지 않고, 장(상대성의 특수이론의 의미에서의)도 존재하지 않는다. S_1을 기준으로 등가속 운동을 하는 또 하나의 기준계 S_2가 있다고 하자. 그렇다면 S_2는 관성계가 아니다. S_2를 기준으로 모든 실험질량이 그 물리적, 화학적 성질과 무관한 가속도로 운동하게 된다. 따라서 적어도 1차 근사로는 중력장과 구별될 수 없는 어떤 상태가 S_2에 대해 존재하게 된다. 그러면 다음과 같은 개념이 관찰되는 사실들과 부합하게 된다. S_2도 '관성계'와 동등하지만, S_2를 기준으로 (균질적인) 중력장이 존재한다(지금의 맥락에서는 그 중력장의 기원에 대해서는 신경 쓸 필요가 없다). 따라서 이런 '동등성의 원리'가 기준계들의 그 어떤 상대적인 운동으로도 확장하여 적용될 수 있다고 가정하면, 중력장이 고찰의 틀 속에 포함될 때 관성계는 그 객관적인 의미를 잃게 된다. 이런 기본적인 관념을 토대로 하여 하나의 일관된 이론을 세울 수 있다면 그 이론은 경험적으로 강력하게 확인된 관성질량과 중력질량이 동등하다는 사실과 저절로 부합하게 될 것이다.

4차원으로 고찰하면, 좌표 4개의 비선형 변환은 S_1에서 S_2로의 전이에 대응한다. 이제 다음과 같은 질문이 떠오른다. 어떤 종류의 비선형 변환이 허용되겠는가? 또는 로렌츠 변환은 어떻게 일반화되겠는가? 이 질문에 대답하기 위해서는 다음과 같은 고찰이 결정적으로 중요하다.

종전 이론에서 상정된 관성계에 다음과 같은 속성을 부여하자. 좌표의 차는 상태가 변하지 않는 '강체'인 잣대로 측정되고, 시간의 차는 정지상태에 있는 시계로 측정된다. 이 가운데 첫 번째 가정은 또 하나의 가정, 즉 정지상태에 있는 잣대들의 상대적인 배열과 결합에 대해 '길이'에 관한 유클리드 기하학의 정리가 성립한다는 가정으로 보완된다.

그러면 상대성의 특수이론의 결과로부터 초보적인 고찰에 의해 이런 결론이 내려진다. "좌표에 대한 위와 같은 직접적인 물리적 해석은 관성계(S_1)에 대해 상대적으로 가속되는 기준계(S_2)에 대해서는 적용되지 않는다." 그런데 그렇다고 하면 좌표가 이제는 '근접성'의 순서 또는 순위만을 표현하고 따라서 공간의 차원수도 표현하지만, 공간의 계량적 속성은 전혀 표현하지 않게 된다. 따라서 우리는 좌표변환을 임의의 연속적인 좌표변환으로 확장시켜야 한다[60]는 생각을 하도록 유도된다. 이런 확장이 곧 상대성의 일반원리를 의미한다. 자연법칙은 임의의 연속적인 좌표변환에 대해 공변(covariant)해야 한다. 이런 요구는 (자연법칙은 가능한 한 논리적으로 간단해야 한다는 요구와 결합해) 우리가 관심을 갖는 자연법칙에 상대성의 특수원리와 비교할 수 없을 정도로 더 강한 제한을 가한다.

---

60 이는 부정확한 방식의 표현이지만 여기서는 아마도 이런 표현으로 충분할 것이다.

이런 일련의 관념은 기본적으로 독립적 개념으로서의 장에 토대를 두고 있다. 왜냐하면 S_2를 기준으로 존재하게 되는 상태는 중력장으로 해석되며, 이때 그 중력장을 만들어내는 질량이 존재하느냐는 문제는 제기되지 않기 때문이다. 이런 일련의 관념에 의해 우리는 순수한 중력장의 법칙이 왜 일반적인 종류의 장의 법칙(예를 들어 전자기장이 존재하는 경우)보다 일반적인 상대성이라는 관념과 더 직접적으로 연결되는지도 파악할 수 있다. 다시 말해 우리는 '장이 없는' 민코프스키 공간은 자연법칙에서 가능한 특수한 경우, 아니 사실상 생각할 수 있는 특수한 경우들 가운데 가장 간단한 경우를 나타낸다는 가정에 대한 좋은 근거를 갖게 된다. 그러한 공간의 특징은 그 계량적 속성과 관련해 $dx_1^2 + dx_2^2 + dx_3^2$은 3차원의 '공간꼴' 단면 위에서 무한히 작은 거리를 두고 이웃한 두 점의 공간적 간격을 단위척도로 측정한 것의 제곱(피타고라스의 정리)이며 dx_4는 좌표 (x_1, x_2, x_3)를 공통으로 가진 두 사건의 시간적 간격을 적절한 시간척도로 측정한 것이라는 사실에서 찾을 수 있다. 이 모든 것은 로렌츠 변환의 도움을 받으면 쉽게 보일 수 있듯이 다음과 같은 양에 객관적인 계량적 의미가 부여됨을 의미하는 것이다.

$$ds^2 = dx_1^2 + dx_2^2 + dx_3^2 - dx_4^2 \quad \cdots (1)$$

수학적으로 보면 이런 사실은 ds^2이 로렌츠 변환에 대해 불변이라는 조건에 대응한다.

이제 상대성의 일반원리의 의미에서 이 공간(방정식 (1)을 참고하라)이 임의의 연속적인 좌표변환을 하게 된다면 객관적으로 의미가 있는 양인 ds가 새로운 좌표계에서는 다음과 같은 관계식에 의해 표현될 것이다.

$$ds^2 = g_{ik}dx_i dx_k \quad \cdots (1a)$$

우변의 표현은 아래첨자 i, k가 11부터 44까지의 값을 갖는 모든 조합에 걸쳐 합산돼야 한다는 뜻이다. 여기서 g_{ik}항은 상수가 아니라 임의로 선택된 변환에 의해 결정되는 좌표의 함수다. g_{ik}항은 그러나 새로운 좌표의 임의의 함수가 아니라 네 개의 좌표의 연속적인 변환에 의해 형태 (1a)가 형태 (1)로 되돌아가는 방향의 변환이 가능한 종류의 함수일 뿐이다. 이것이 가능하려면 함수 g_{ik}가 특정한 일반적인 '조건의 공변 연립방정식', 즉 상대성의 일반이론이 공식화된 때보다 반세기도 더 전에 B. 리만이 도출한 공변 연립방정식('리만의 조건')을 충족시켜야 한다. 동등성의 원리에 따르면, 함수 g_{ik}가 리만의 조건을 충족시킨다면 (1a)는 특별한 종류의 중력장을 일반적인 공변의 형태로 묘사해준다.

이에 따라 리만의 조건이 충족되면 일반적인 종류의 순수한 중력장에 관한 법칙이 충족된다는 결론이 내려진다. 그러나 그 법칙은 리만의 조건보다 약하거나 덜 제한적인 것이 틀림없다. 이런 방식으로 순수한 중력장에 관한 장의 법칙이 사실상 완전하게 확정됐는데, 여기서는 이런 결과를 정당화하기 위한 논의를 더 자세히 하지 않겠다.

우리는 이제 상대성의 일반이론으로 옮겨가는 것이 공간의 개념을 얼마나 많이 수정하는가를 확인해볼 수 있게 됐다. 고전역학에 따르면, 그리고 상대성의 특수이론에 따르면 공간(공간-시간)은 물질이나 장과는 독립적으로 존재하는 것이다.

공간을 채우면서 좌표에 의존하는 것을 어쨌든 묘사할 수 있으려면 계량적 속성을 가진 공간-시간 또는 관성계가 동시에 존재해야 한다고 생각해야 한다. 그렇지 않다면 '공간을 채우는 것'에 관한 묘사가 아무런 의미도 갖지 못하기 때문이다.[61] 반면에 상대성의 일반이론을 토대로 삼으면 좌표에 의존하는 '공간을 채우는 것'과 다른 별개의 공간이 존재하지 않게 된다. 따라서 순수한 중력장이 중력 연립방정식의 해에 의해 g_{ik}(좌표의 함수인)로써 묘사될 수도 있을 것이다. 그런데 우리가 그 중력장, 즉 함수 g_{ik}가 제거된다고 상상한다면 (1)과 같은 유형의 공간이 남지 않고 절대적으로 아무것도 없는 상태가 될 것이며, '위상기하학적 공간'도 존재하지 않을 것이다. 왜냐하면 함수 g_{ik}는 장을 묘사할 뿐만 아니라 그와 동시에 다양체의 위상기하학적, 계량적인 구조적 속성도 묘사하기 때문이다.

상대성의 일반이론의 관점에서 판단하면 (1)과 같은 유형의 공간은 장이 없는 공간이 아니라 g_{ik}장의 한 특수한 경우인데, 이런 g_{ik} 장에 대해서는 (사용되고 있으나 자체적으로는 객관적인 의미를 전혀 갖지 않는 좌표계에 대해서는) 함수 g_{ik}가 좌표에 의존하지 않는 값을 갖는다. 빈 공간, 즉 장이 없는 공간과 같은 것은 존재하지 않는다. 공간–시간은 독자적인 존재를 주장하지 않으며, 단지 장의 한 구조적 성질로서 존재하는 것이다.

따라서 데카르트가 빈 공간의 존재를 배제해야 한다고 믿었을 때 그는 진실에서 그리 멀지 않은 곳에 있었다. 물리적 현실이 전적으로 무게가 있는 물체에서만 보인다면 빈 공간이라는 개념은 사실 터무니없는 것으로 여겨질 것이다. 데카르트가 가졌던 관념의 진정한 핵심을 드러내 보이기 위해서는 상대성의 일반이론과 결합된, 현실의 표현으로서의 장이라는 개념이 요구된다. 요체는 '장이 없어 텅 빈' 공간은 존재하지 않는다는 것이다.

---

61 공간을 채우는 것(예를 들어 장)이 제거된다고 해도 (1)에 부합하는 계량적 공간은 남게 될 것이고, 그 공간에 도입되는 시험물체의 관성적 행태도 그에 따라 결정될 것이다.

05-c 일반화된 중력의 이론

따라서 상대성의 일반이론을 토대로 한 순수한 중력장의 이론은 쉽게 구해진다. 왜냐하면 (1)에 부합하는 계량적 속성을 가지면서 '장이 없는' 민코프스키 공간은 장의 일반법칙을 충족시킬 것이 틀림없다고 확신해도 되기 때문이다. 이런 특수한 경우로부터 실질적으로 임의성에서 벗어난 일반화에 의해 중력의 법칙이 도출된다.

중력장 이론의 추가적인 발전이 상대성의 일반원리에 의해 그렇게 명확하게 결정되는 것은 아니다. 중력장 이론을 발전시키기 위한 시도가 최근 몇 십 년 동안 다양한 방향으로 이루어져왔다. 그 모든 시도의 공통점은 물리적 현실을 일종의 장으로, 더 나아가 중력장이 일반화된 것으로 생각하는 것이었고, 그 속에서 장의 법칙은 순수한 중력장에 대한 법칙이 일반화된 것이라고 생각하는 것이었다. 기나긴 탐색 끝에 나는 이제 그러한 일반화의 가장 자연스러운 형태를 찾아냈다고 믿지만,[62] 그 일반화된 법칙이 경험의 사실들에 맞서 견뎌낼 수 있을지의 여부는 아직 확인하지 못했다.

앞에서의 일반적 고찰에서는 특정한 장의 법칙이라는 문제는 부차적인 것이었다. 지금의 시점에 주된 문제는 여기서 숙고된 종류의 장의 이론이 그 목적지까지 갈 수는 있느냐다. 방금 말한 목적지란 4차원 공간을 포함한 물리적 현실의 전부를 하나의 장으로 묘사하는 이론을 의미한다. 지금 세대의 물리학자들은 이 문제에 대해 부정적으로 답변하는 경향이 있다.

---

[62] 그 일반화는 다음과 같은 특징을 갖고 있다고 말할 수 있다. 텅 빈 '민코프스키 공간' 으로부터 그 일반화를 도출한 방식에 따르면 함수 g_{ik}의 순수한 중력장은 $g_{ik}=g_{ki}$(즉 $g_{12}=g_{21}$ 등)에 의해 주어지는 대칭의 속성을 갖는다. 일반화된 장은 같은 종류이지만 이런 대칭의 속성을 갖고 있지 않다. 장의 법칙을 도출하는 과정은 순수한 중력의 특수한 경우를 도출하는 과정과 완전히 유사하다.

그들은 현재 형태의 양자이론에 순응해서 특정한 계의 상태는 직접적으로 규정할 수 없고, 단지 그 계에 관해 얻을 수 있는 측정결과의 통계를 진술하는 것에 의해 간접적인 방식으로만 규정할 수 있다고 믿는다. 실험으로 확인된 자연의 이중성(입자구조와 파동구조)도 현실의 개념을 그와 같이 약화시키는 것에 의해서만 현실로 인정된다는 믿음이 퍼져 있다. 나는 그러한 폭넓은 이론적 포기는 지금의 시점에 우리가 실제로 갖고 있는 지식에 의해 정당화되지 않으며, 우리는 상대성의 이론에 입각한 장의 이론으로 나아가는 길을 끝까지 추구하기를 단념하지 말아야 한다고 생각한다.

아인슈타인의 생애

보이지 않는 힘에 대한 관심

20세기 최고의 물리학자이자 흔히 천재의 대명사로 통하는 알베르트 아인슈타인(Albert Einstein)은 1879년 3월 14일 독일제국 뷔템베르크 왕국의 울름 시에서 아버지 헤르만 아인슈타인과 어머니 파울리네 아인슈타인(결혼 전 성은 코흐) 사이에서 장남으로 태어났다. 아버지와 어머니는 둘 다 유대인이었고, 아버지는 매트리스 등을 파는 상인이었다. 아인슈타인 가족은 1880년부터 1894년까지 뮌헨에서 살았다. 뮌헨에서 아버지는 동생(아인슈타인의 작은아버지)인 야콥 아인슈타인과 함께 전기기계 제조공장 사업을 벌였다. 1881년에 아인슈타인의 여동생 마야(Maja)가 태어났다.

5살 때 아버지가 준 휴대용 나침반이 아인슈타인으로 하여금 자연계의 구조에 대해 흥미를 갖게 했다. 나침반의 바늘을 움직이게 만드는 무엇인가가 텅 빈 공간으로 보이는 나침반 주위의 어딘가에 존재한다고 생각하게 됐다는 것이다. 이를 계기로 아인슈타인은 보이지 않는 힘에 대해 관심을 갖게 된 것으로 전해진다. 6살쯤에는 바이올린을 배우기 시작했다.

어린 시절에는 아인슈타인에게 언어장애가 있었다. 하고 싶은 말을 머릿속에서 문장으로 구성하고 그것을 입으로 발성하는 데 시간이 많이 걸렸다. 이런 언어장애가 오히려 부분을 넘어 전체를 사고하는 지적 능력을 발달시켰다는 설도 있다. 수학에 대해서는 아인슈타인이 어린 시절부터 흥미를 느끼고 뛰어난 재능을 보였다고 한다. 아인슈타인은 5살 때부터 3년 동안 뮌헨에 있는 가톨릭계 초등학교에 다녔고, 8살 때 역시 뮌헨에 있는 루이트폴트 김나지움에 입학했다. 이 김나지움은 군국주의적 교육방식으로 인해 분위기가 억압적이었고, 이 때문에 아인슈타인은 7년 동안 이 김나지움에 다니는 동안 내내 정을 붙이지 못했다고 한다.

아인슈타인이 10살 때 폴란드에서 온 가난한 유대인 의학생 막스 탈무트(Max Talmud, 1869~1941, 나중에 막스 탈마이(Max Talmey)로 이름을 바꾼다)가 아인슈타인에게 큰 영향을 주게 된다. 나중에 안과의사가 되는 탈무트는 당시 아인슈타인 가족의 초청으로 매주 한 번씩 찾아와 같이 식사를 했다. 아인슈타인보다 10살 연상인 그는 5년 이상의 기간 동안 아인슈타인의 집을 정기적으로 방문했고, 그때마다 과학, 수학, 철학 분야의 책을 가져와 아인슈타인에게 건네주었다. 그 중에는 임마누엘 칸트의 《순수이성 비판》과 아인슈타인이 나중에 "그 성스럽고 작은 기하학 책"이라고 부르게 되는 유클리드의 《기하학 원론》도 있었다. 탈무트는 아인슈타인에게 멘토 겸 가정교사의 역할을 톡톡히 해주었다. 아인슈타인은 탈무트의 지도를 받으며 기하학, 미분학, 적분학 등을 학습했다. 훗날 아인슈타인은 어린 시절에 자신이 '두 개의 경이'를 만났다고 회상했는데, 그것은 5살 때 아버지에게서 받은 나침반과 12살 때 탈무트에게서 받은 기하학 책이었다.

아인슈타인은 12살 때 종교에 깊이 빠졌다. 스스로 신을 찬미하는 노래를 만들기도 했고, 등하교길에 찬송가를 부르기도 했다. 그러나 탈무트가 가져다준 과학책을 읽으면서 관심이 종교에서 과학으로 옮겨갔다. 특히 15살 무렵에 읽은 아론 베른슈타인(Aaron Bernstein)의 《자연과학 입문서(Naturwissenschaftliche Volksbücher)》가 큰 영향을 주었다. 이 책에서 베른슈타인은 사람이 전신선 속을 흐르는 전기와 나란히 달린다는 상상을 해본다. 그 대목에서 아인슈타인은 자신에게 이런 질문을 던지게 됐다. '사람이 광선과 나란히 달릴 수 있다면 그 광선이 어떻게 보일까?' 이 질문은 그 뒤로 10여 년 동안 아인슈타인의 머릿속을 떠나지 않게 된다. 빛이 파동이라면 나란히 달리는 사람에게 그 광선은 마치 '얼어붙은 파도'처럼 정지상태로 보일 것이다. 그러나 당시 아인슈타인은 어린 나이였음에도 정지된 빛의 파동이라면 눈에 보이지 않을 것이니 뭔가 모순이 존재한다고 생각했다. 이즈음 아인슈타인은 그의 첫 과학 논문인 〈자기장 속 에테르의 상태에 대한 탐구〉를 썼다.

아버지가 사업에서 거듭 실패한 탓에 아인슈타인이 순조롭게 교육과정을 밟아나가기 어려웠다. 1894년에는 아버지가 경영하는 회사가 뮌헨 시로부터 전기 공급과 관련된 중요한 계약을 따내는 데 실패했다. 그 회사는 직류를 사용하는 전기기계를 제조해 파는 일을 했는데, 이즈음에 이른바 '전류 전쟁(War of Currents)' 에서 교류 진영이 승리했다. 이로 인해 아버지는 가족과 함께 뮌헨을 떠나 이탈리아로 이사하기로 결정했다. 아인슈타인 가족은 처음에는 이탈리아의 밀라노로 이사했고, 몇 달 뒤에 이탈리아 남부의 파비아로 다시 이사했다. 그러나 가족 중 유일하게 아인슈타인은 뮌헨에 남아 기숙사 생활을 하게 됐다. 아인슈타인이 전기공학을 계속 공부하기를 아버지가 바랐기에 김나지움 과정을 마쳐야 했기 때문이었다. 그러나 아인슈타인은 김나지움의 군국주의적인 교육방식을 혐오한데다가 학교 당국과 마찰도 빚게 되자 김나지움을 중퇴했다. 나중에 아인슈타인은 그 김나지움이 암기 위주의 교육을 하여 학습 의욕과 창조적 사고를 질식시키는 분위기였다고 회고했다.

취리히 연방공과대학 시절

16살이 된 아인슈타인은 외로움을 견디기 어려운데다가 강제징집될 가능성을 두려워 했다. 결국 아인슈타인은 가족이 이탈리아로 떠난 지 반년 만인 1895년 봄에 이탈리아 파비아로 가족을 찾아갔다. 아버지와 어머니는 학교 중퇴자에다 병역 기피자까지 되고 취직에 필요한 기술도 가진 것이 없는 아들의 미래를 걱정했다.

그러나 운이 좋았는지 아인슈타인은 고등학교 졸업장 없이도 스위스 취리히에 있는 연방공과대학(Eidgenössische Polytechnische Schule)의 입학시험을 칠 기회를 얻었다. 이 입학시험에서 아인슈타인은 수학과 물리학에서는 좋은 점수를 받았으나 프랑스어와 화학, 생물학에서는 낙제점을 받았다. 그러나 수학 점수가 워낙 좋았으므로 대학 당국이 고등학교 과정을 정식으로 이수하는 것을 조건으로 아인슈타인에게 입학허가를 내주었다. 스위스 아라우에 있는 특수 고등학교인 아르가우(Aargau) 주립학교를 거쳐 다음해에 입학할 자격이 주어진 것이었다. 아르가우 주립학교는 교풍이 비교적 자유로웠다. 아인슈타인은 이 학교 교사인 요스트 빈텔러(Jost Winteler)의 집에서 숙식했다. 이때부터 빈텔러의 가족은 아인슈타인에게 평생의 친구가 된다. 빈텔러의 딸 마리(Marie)는 아인슈타인의 첫사랑이 되고, 아인슈타인의 여동생 마야는 빈텔러의 아들인 파울(Paul)과 결혼하며, 아인슈타인의 가까운 친구인 미켈레 베소(Michele Besso)는 빈텔러의 큰딸 안나(Anna)와 결혼하게 된다. 아르가우 주립학교에서 아인슈타인은 맥스웰의 전자기 이론을 공부했다.

아인슈타인은 17살 때인 1896년에 병역의무를 피하기 위해 아버지의 허락을 얻어 독일 국적을 포기했다. 이후 1901년에 스위스 국적을 취득할 때까지 아인슈타인은 무국적자로 지내게 된다. 아인슈타인은 1896년에 아르가우 주립학교를 졸업한 뒤 취리히 연방공과대학으로부터 입학허가를 받았다. 4년제 수학—물리학 교직자 과정이었다. 이 대학의 자유로운 분위기는 아인슈타인의 마음에 들었다. 훗날 아인슈타인은 대학시절을 자신의 인생에서 가장 행복한 시기 중 하나였다고 여러 번 말했다. 마리 빈텔러는 교직을 얻어 스위스의 올스베르크로 갔다. 대신 아인슈타인은 취리히 연방공과대학의 같은 과정 동급생으로 물리학을 공부하는 밀레바 마리치(Mileva Marić)라는 여학생과 사귀었다. 아인슈타인은 세르비아에서 온 밀레바와 함께 공부하며 우정을 쌓았고, 그 우정은 차츰 사랑으로 발전했다. 취리히 연방공과대학은 당시 유럽에서 여성에게 문호를 개방한 몇 안 되는 대학 중 하나였다. 아인슈타인은 대학 강의에는 별로 출석하지 않고 자기가 흥미를 느끼는 분야의 공부에 열중했다. 이 때문에 아인슈타인은 물리 실험 과목에서는 최저점인 1점의 성적을 받은 반면에 전기기술 과목에서는 가장 우수한 점수인 6점을 받았다. 대학 재학 중 화학실험을 하다가 폭발사고를 일으켜 학교 전체를 크게 당황하게 만든 일도 있었다. 이 대학에서 아인슈타인은 친구도 여럿 얻었다. 아인슈타인은 특히 마르셀 그로스만(Marcel Grossmann, 수학자)과 미켈레 베소와 가장 친하게 지내면서 이들과 공간과 시간에 관한 긴 대화를 나누곤 했다.

1900년에 아인슈타인은 교직시험에 합격해 교직 허가증을 취득하고 취리히 연방공과대학을 졸업했지만, 밀레바는 아쉽게도 교직시험을 통과하지 못했다. 이 해에 아인슈타인은 인생의 위기 중 하나라고 할 만한 일을 겪었다. 아인슈타인은 대학을 다니는 동안 자기가 관심을 가진 주제에 대해 독자적으로 연구하는 시간을 많이 가졌기에 수업에는 무단결석하는 일이 잦았다. 이 때문에 교수들이 아인슈타인을 좋게 보지 않았고, 특히 물리학부장인 하인리히 베버(Heinrich Friedrich Weber)가 그랬다. 그런데 공교롭게도 아인슈타인은 대학에서 일자리를 얻기 위해 베버의 추천을 받고자 했다. 결국 아인슈타인은 졸업은 했으나 대학에서 일자리를 얻지 못했다.

아인슈타인은 1901년에 스위스 국적을 취득했다. 스위스도 국민에게 병역의무를 부과하고 있었으나, 아인슈타인은 평발과 정맥류 등의 진단을 받아 병역의무를 면제받았다. 그러는 사이에 밀레바와의 관계가 깊어졌으나 아인슈타인의 부모는 둘 사이의 관계에 반대했다. 특히 어머니는 밀레바가 세르비아 출신이고 가족이 모두 동방정교회 신자라는 종교적인 이유로 반대했다. 그러나 아인슈타인은 부모의 뜻을 어기고 밀레바와의 관계를 유지했고, 1902년 1월에 밀레바에게서 딸을 얻어 리제를(Lieserl)이라는 이름을 지어주었다. 그러나 1903년 이후에 이 딸이 어떻게 되었는지는 알려진 바가 없다. 리제를은 태어난 지 얼마 안 되어 성홍열에 걸려 사망했다는 설도 있고, 누군가에게 입양됐다는 설도 있다. 이 해에 아인슈타인이 쓴 논문 '모세관 현상에서 얻은 결론들(Conclusions from the Capillarity Phenomena)'이 〈물리학 연보(Annalen der Physik)〉에 게재됐다.

1902년은 아인슈타인의 인생에서 가장 일이 잘 풀리지 않은 불운의 해였다. 직장을 구하지 못해 밀레바와 정식으로 결혼하여 가장 노릇을 할 형편이 못 되었고, 아버지의 사업은 파산했다. 경제적 핍박에 몰린 아인슈타인은 보험외판원, 임시 대리교사, 가정교사 등의 아르바이트를 해서 돈을 벌어야 했지만, 이런 일은 오래가지 않아 해고되곤 했다. 그러다가 반전의 계기가 찾아왔다. 친구인 마르셀 그로스만의 부탁으로 그의 아버지가 추천해주어 베른에 있는 스위스 특허청에 3급 기술전문직(심사관)으로 취직했다. 이즈음 병으로 위중하게 된 아인슈타인의 아버지가 죽기 직전에 아들에게 밀레바와 결혼하는 것을 허락했다. 이후 오랜 세월 아인슈타인은 아들이 실패한 인생을 살게 됐다고 걱정하면서 돌아가신 아버지의 마지막 모습을 회상하며 슬픔에 잠기곤 했다.

스위스 특허청에서 아인슈타인은 전기신호 전달과 전기-기계 동기화와 관련된 일을 주로 했다. 업무상 이 두 가지 문제에 대해 생각을 많이 하게 된 것이 결국은 아인슈타인으로 하여금 빛의 성질과 공간-시간의 근본적인 관계에 대해 혁신적인 결론을 내리도록 유도했다. 이 밖에도 아인슈타인은 특허신청 서류를 검토하면서 그 안에 들어있는 갖가지 발명과 관련된 이론과 수식을 알게 됐다. 이즈음 아인슈타인은 베른에 와서 새로 사귄 친구인 모리스 솔로비네(Maurice Solovine), 콘라트 하비히트(Conrad Habicht) 등과 토론모임을 만들고 그 모임에 장난스럽게 '아카데미 올림피아(Akademie Olympia)'라는 이름을 붙였다. 아인슈타인은 이 모임에서 친구들과 정기적으로 만나 과학과 철학에 관해 토론하고 앙리 푸앵카레(Henri Poincaré), 에른스트 마흐(Ernst Mach), 데이비드 흄(David Hume) 등의 저작을 읽었다.

이 해에 아인슈타인의 아버지가 사망했다. 아인슈타인은 많은 돈은 아니지만 봉급을 받게 됨으로써 태어난 뒤 처음으로 안정적인 소득원을 갖게 됐고, 이에 따라 비로소 밀레바와 결혼할 엄두를 냈다. 아인슈타인은 이듬해인 1903년 1월 6일에 밀레바와 결혼했고, 그 다음 해인 1904년에 장남 한스(Hans Albert Einstein)를 얻었다.

아인슈타인의 기적의 해

아인슈타인이 스위스 특허청에 직장을 갖게 된 것은 행운이었다. 아인슈타인은 특허신청 서류의 분석과 처리를 재빨리 해치우고는 10대 중반부터 사로잡힌 문제에 대한 답을 찾기 위한 사색에 잠길 시간을 가질 수 있었다. 그 문제는 '광선과 나란히 달리면 무슨 일이 일어날까'였다. 아인슈타인은 취리히 연방공과대학에 다닐 때 빛의 성질을 설명해주는 '맥스웰의 방정식'을 공부했고, 그 연장선에서 맥스웰(James Clerk Maxwell)은 알아차리지 못한 사실을 발견했다. 그것은 '관측자가 아무리 빨리 움직이더라도 빛의 속도는 동일하다'는 것이었다. 그러나 이런 사실은 뉴턴의 운동법칙에 어긋나는 것이었다. 아이작 뉴턴(Isaac Newton)의 이론에는 절대속도(absolute velocity)라는 것이 들어있지 않았기 때문이다. 이런 통찰이 아인슈타인으로 하여금 상대성 원리를 공식화하도록 이끌었다. 그 중요한 결론 중 하나는 '그 어떤 관성계에서도 빛의 속도는 상수'라는 것이었다.

1905년에 아인슈타인은 박사학위를 취득할 목적으로 상대성의 특수이론과 관련된 논문을 써서 대학에 제출했지만, 대학 당국이 그 내용을 받아들이지 않았다. 그래서 아인슈타인은 대신 '분자 크기의 새로운 결정법'이라는 논문을 급히 써서 제출했다. 이 논문은 수리됐고, 그 결과로 아인슈타인은 박사학위를 받을 수 있었다. 이 논문의 내용은 곧바로 '브라운 운동의 이론'으로 발전한다.

이 해는 '아인슈타인의 기적의 해(annus mirabilis)'로 알려져 있다. 아인슈타인은 이 해에 '광양자 가설', '브라운 운동의 이론', '상대성의 특수이론', '질량과 에너지의 동등성'과 관련된 4개의 중요한 논문을 〈물리학 연보〉를 통해 잇달아 발표했다. 이 4개의 논문은 각각 양자이론 개발의 계기가 된 광전효과에 관한 논문인 〈빛의 발생과 변화에 관한 발견적 관점에 대하여〉(〈물리학 연보〉에 3월 18일 접수, 6월 9일 게재), 브라운 운동에 관한 논문인 〈정지 액체 속에 떠있는 작은 입자들의 운동에 대하여〉(5월 11일 접수, 7월 18일 게재), 상대성의 특수이론에 관한 논문인 〈운동하는 물체의 전기역학에 대하여〉(6월 30일 접수, 9월 26일 게재), 유명한 방정식 $E=mc^2$의 도출과도 관련이 있는 〈물체의 관성은 에너지 함량에 의존하는가〉(9월 27일 접수, 11월 21일 게재)다. 이 4개의 논문은 현대 물리학의 토대를 놓는 데 크게 기여하면서 공간, 시간, 물질에 대한 물리학의 관점을 바꾸어놓았다. 이 4개의 논문은 특히 최초로 원자의 존재와 그 통계적 요동을 바탕으로 브라운 운동을 설명한 점과 현대 물리학에 양자이론과 상대성이론이라는 양대 축을 등장시킨 점에서 혁명적인 의미가 있는 것이었다.

이들 논문은 처음에는 물리학계에서 별로 주목받지 못했다. 그러나 양자이론의 창시자이자 당대에 가장 큰 영향력을 지닌 물리학자 막스 플랑크(Max Planck)가 관심을 표명한 것을 계기로 상황이 완전히 달라졌다. 플랑크가 아인슈타인의 연구를 높이 평가하는 발언을 한 데 이어 아인슈타인의 이론이 실험에 의해 하나 둘 입증되어가자 물리학계에서 아인슈타인의 명성이 빠르게 높아졌다. 그동안 물리학계에 전혀 알려지지 않았던 무명의 스위스 특허청 직원이 버스를 타고 가다가 베른의 시계탑 바늘이 움직이지 않는 것처럼 보이는 데서 착상한 바를 정리해 발표한 상대성의 특수이론이 물리학계를 뒤흔들게 된 것이었다.

그러나 아인슈타인의 명성이 높아지는 것과 반비례하여 아인슈타인 부부의 관계는 점점 더 소원해졌다. 아인슈타인은 국제 학술회의에 초청받아 참석하는 등의 활동으로 집을 떠나 있는 경우가 많아졌고, 집에 있을 때에는 상대성 이론에 대한 사색에 몰두했다. 그러는 동안 아인슈타인 부부는 아이들 문제와 돈 문제로 서로 다투는 일이 잦아졌다. 마침내 부부관계가 파탄지경에 이른 상황에서 아인슈타인은 사촌인 엘자 뢰벤탈(Elsa Löwenthal)과 연애하기 시작했다.

1907년에 아인슈타인은 상자 속의 관측자는 자신에게 가해지는 힘이 관성력인지 중력인지를 분간하지 못한다는 생각을 하게 됐다. 이 생각은 관성질량과 중력질량은 정확하게 같다는 '등가원리'를 발견하는 데 토대가 됐고, 상대성의 특수이론을 일반이론으로 확장하는 데서 중요한 고리의 역할을 하게 됐다. 1908년이 되기 전에 이미 세계적으로 주목받는 선도적인 과학자로서 아인슈타인의 위상이 확고해졌다. 아인슈타인은 이 해에 베른 대학교의 강사가 됐지만 이듬해인 1909년에 이 강사직을 사퇴했고, 동시에 스위스 특허청에도 사표를 냈다. 대신 아인슈타인은 취리히 대학의 조교수가 됐고, 제네바 대학에서 그로서는 최초의 명예박사 학위를 받았다. 1910년에는 프라하의 카를-페르디난트 대학의 교수로 자리를 옮겼다. 이 해에 둘째 아들인 에두아르트(Eduard)가 태어났다.

1912년에 아인슈타인은 모교인 취리히 연방공과대학의 교수로 취임했다. 이어 1914년에 카이저-빌헬름 물리학연구소의 지명이사와 베를린에 있는 훔볼트 대학의 교수로 임명되어 독일 베를린으로 이주했다. 훔볼트 대학과의 계약에는 아인슈타인이 연구에만 전념할 수 있도록 강의의 의무는 대부분 면제해주는 특별조항이 포함됐다. 이때 아인슈타인과의 관계가 나빠질대로 나빠진 아내 밀레바가 아이들을 데리고 취리히로 돌아가버려 부부가 별거하는 상태가 됐다. 이 해에 아인슈타인은 프로이센 학술원의 회원이 됐다.

1914년에 시작된 1차 세계대전이 아인슈타인의 연구에 방해가 됐다. 평생 평화주의의 입장을 견지한 아인슈타인은 1차 세계대전이 발발하자 독일의 전쟁 참여에 반대하는 지식인 성명서에 서명한 독일인 지식인 4명 중 1명이 됐다. 전쟁에 혐오감을 느낀 아인슈타인은 민족주의를 "인류의 홍역"이라고 불렀고, "지금과 같은 시대에 우리는 참으로 한심한 동물 종에 속함을 깨닫는다"고 쓰기도 했다.

상대성의 일반이론

전쟁 중인 1915년에 아인슈타인은 상대성의 일반이론을 완성했다. 1905년에 상대성의 특수이론을 발표한 지 10년 만에 거둔 성과였다. 그 10년 동안 아인슈타인은 상대성의 특수이론의 결함이라고 스스로 생각한 것, 즉 중력이나 가속도가 이론에 내재되지 못한 문제를 해결하려고 노력했다. 그것은 관성계에만 적용되는 상대성의 특수이론을 가속계에도 적용되는 일반이론으로 확장하려는 노력이었다.

이런 아인슈타인의 모색에는 그의 친구이자 물리학자인 파울 에렌페스트(Paul Ehrenfest)가 주목한 흥미로운 사실이 하나의 계기가 된 것으로 알려져 있다. '에렌페스트의 역설'이라고 불리게 되는 그 사실은 돌고 있는 원반에서 일어나는 현상이었다. 돌고 있는 원반의 가장자리는 가운데 부분보다 더 빠른 속도로 움직이며, 따라서 가장자리에 놓인 막대는 상대성의 특수원리에 의해 축소된다는 것이 문제였다. 이는 곧 돌고 있는 원반에는 유클리드의 평면 기하학이 성립하지 않는다는 뜻이었다. 아인슈타인은 공간-시간이 구부러진다는 관점에서 이 문제를 해결하고 중력의 이론을 새롭게 공식화함으로써 상대성 이론의 일반화에 성공하게 된다. 뉴턴이 관찰한 중력이라는 힘은 구부러진 공간-시간의 한 측면 내지 부산물임이 아인슈타인에 의해 입증된 것이었다.

아인슈타인은 자신이 상대성의 일반이론을 완성한 것에 대해 자부심을 느꼈다. 아인슈타인은 상대성의 일반이론을 완성하기 직전인 1915년 여름에 괴팅겐 대학에서 2시간씩 6차례의 강연을 했다. 이 강연에서 그는 아직은 몇 가지 수학적 세부요소를 결여하고 있는 상대성의 일반이론의 미완성 버전을 자세히 설명했다. 그런데 이 강연을 조직한 사람이자 그 전부터 아인슈타인과 편지를 주고받는 관계였던 수학자 다비트 힐베르트(David Hilbert)가 그 수학적 세부요소를 채워 넣은 뒤 같은 해 11월에 아인슈타인보다 불과 5일 앞서서 상대성의 일반이론을 마치 자신의 이론인 것처럼 서술한 논문을 학계에 제출했다. 이로 인해 두 사람의 관계가 소원해졌으나, 얼마 지나지 않아 서로 화해하고 친구관계를 회복하게 된다. 아인슈타인은 당시에 힐베르트에게 보낸 편지에서 이렇게 말했다. "나는 그 일로 인한 분노의 감정과 싸웠고, 그 감정을 물리치는 데 성공했습니다. 나는 구름 한 점 끼지 않은 맑은 우정으로 다시 한 번 당신에게 감사하며, 당신도 나에 대해 똑같이 그렇게 해보려고 노력해주기를 바랍니다."

아인슈타인은 상대성의 일반이론이 수학적으로 아름다운데다가 태양을 중심으로 한 수성 궤도의 근일점 세차운동을 정확하게 예측하게 해준다는 점에서 이 이론이 옳다고 확신했다. 이 이론은 태양 근처에서 빛이 휘어진다는 점도 예측하게 해주었다. 그래서 아인슈타인은 일식 때 별빛의 휘어짐(구부러짐)을 측정하는 조사대를 파견하기 위한 모금이 이루어진다면 자기도 기꺼이 돕겠다고 제안하기도 했다.

1917년에 간장병과 황달 등 몇 가지 질병이 아인슈타인을 덮쳤고, 엘자 뢰벤탈이 그를 간병했다. 1918년 11월에 과격파 학생들이 베를린 대학을 장악하고 대학 총장과 몇몇 교수들을 인질로 억류하는 사건이 벌어졌다. 그들을 구출하기 위해 경찰을 불러들이는 것은 비극적인 충돌을 초래할 것이라고 많은 사람들이 우려했다. 이때 아인슈타인은 학생과 교수 양쪽의 신뢰를 동시에 받고 있었으므로 양쪽을 중재할 적임자로 간주됐다. 결국 막스 보른(Max Born)과 함께 아인슈타인이 중재에 나서서 문제를 해결했다. 이 해에 아인슈타인은 '빛의 유도방출'에 관한 논문을 발표했고, 이것은 나중에 레이저 개발의 초석이 된다.

1918년 11월에 독일의 항복으로 1차 세계대전이 끝나자 이듬해에 태양 근처에서 별빛이 휘어진다는 아인슈타인의 예측을 검증하기 위한 관측조사가 본격적으로 시도됐다. 사실 그 전에도 이러한 관측조사가 시도된 적이 있었다. 1914년 크림 반도에서 미국인 윌리엄 캠벨(William Wallace Campbell)이 개기일식 관측을 시도했으나 흐린 날씨로 인해 성공하지 못했다. 게다가 1차 세계대전이 발발함에 따라 그가 독일의 간첩으로 오인되어 체포되기도 했다. 1919년 6월에 아인슈타인은 밀레바와 이혼하고 엘자와 결혼했다.

1919년에 2개의 관측조사대가 파견됐다. 이 해 5월 29일의 일식을 관측하기 위해 한 조사대는 서부 아프리카 근해의 프린시페(Principe) 섬으로 갔고, 다른 한 조사대는 북부 브라질의 소브라우(Sobral)로 갔다. 이 가운데 프린시페 섬으로 간 케임브리지 천문대의 천문학자 아서 에딩턴(Sir Arthur Eddington)의 관측조사가 아인슈타인의 이론에 부합하는 관측결과를 얻었다. 개기일식 때 태양의 중력장에서 빛이 구부러지는 이른바 '중력렌즈 효과'가 관측된 것이었다. 이런 결과는 같은 해 11월 6일 영국 학술원과 천문학회가 런던에서 공동으로 개최한 회의에서 발표됐다. 이때 영국 학술원장인 물리학자 조지프 톰슨(Joseph John Thomson)은 이렇게 말했다. "이 결과는 고립된 것이 아니라 과학사상이라는 대륙 전부와 관계가 있다. 이것은 뉴턴의 시대 이래로 중력의 이론과 관련해 얻어진 결과 중 가장 중요한 것이다. 그래서 이 결과는 뉴턴과 매우 긴밀한 관계가 있는 영국 학술원의 회의에서 발표되는 것이 알맞다고 생각했다."

이 소식이 전 세계 언론에 보도되어 아인슈타인이 세계적으로 다시 한 번 주목받게 됐다. 1919년 11월 7일자 영국 〈더 타임스〉의 관련 기사에는 '과학에서의 혁명', '우주에 대한 새로운 이론', '뉴턴의 사상이 전복됐다', '대단히 중요한 발표', '우주는 휘어져 있다' 등의 표현이 담긴 제목이 붙여졌다. 아인슈타인이 뉴턴의 뒤를 잇는 물리학자로 평가받게 된 것이었다. 그러나 한편으로는 아인슈타인이 유대인이라는 이유로 독일 국내에서 그와 그의 상대성 이론에 대한 비판과 비난의 목소리가 높아지기도 했다. 그리고 1919년 영국에서 발표된 관측결과만으로는 상대성의 일반이론이 완전히 입증됐다고 말하기 어려웠다. 에딩턴의 관측결과는 학계에서 완전히 받아들여지기에는 미흡한 점이 있었다. 그러나 1922년의 개기일식 때 호주에 파견된 7개의 관측조사단 가운데 캠벨의 조사단이 에딩턴의 관측결과를 재확인하는 관측결과를 얻었고, 이로써 상대성의 일반이론이 마침내 확립된 셈이 됐다.

세계순방 여행과 노벨상 수상

이즈음 전 세계에서 아인슈타인에게 초청장이 쇄도했다. 이에 따라 아인슈타인은 1921년부터 세계순방 여행에 나서 이듬해까지 미국, 영국, 일본, 프랑스, 이스라엘, 스페인을 방문했다. 그가 가는 곳마다 수많은 사람들이 모여 그의 강연이나 연설을 경청했다. 그는 시온주의 운동 지도자인 하임 바이츠만(Chaim Weizmann)의 제안에 따라 예루살렘에 헤브라이 대학을 창립하기 위한 자금을 모은다는 목적을 겸해 미국을 방문했고, 돌아오는 길에 영국을 방문했다. 이때 아인슈타인은 처음으로 뉴턴의 묘를 방문했다고 한다.

　아인슈타인은 이듬해인 1922년 3월에 프랑스를 방문했고, 11월에는 일본을 방문했다. 일본 여객선 기타노마루 호를 타고 일본으로 가던 도중인

11월 9일에 아인슈타인은 1년 전에 보류됐던 1921년도 노벨물리학상 수상자로 자신이 선정됐다는 통지를 받았다. 시상이유는 '광전효과 발견'이라고 했다. 상대성의 이론 구축이 아닌 광전효과 발견이 시상이유로 발표된 것에 대해 의아해 하는 사람들이 많았다. 그렇게 된 것은 '상대성의 이론이 인류에 크게 유익한 것인지 의문'이라는 견해와 이론 자체가 '유대적'이라는 비판이 제기된 데 있었던 것으로 보인다. 이런 견해와 비판은 주로 필리프 레나르트(Philipp Eduard Anton von Lenard)와 요하네스 슈타르크(Johannes Stark)를 비롯해 나치 이데올로기를 적극적으로 지지한 독일 물리학자들에 의해 제기됐다. 1905년과 1919년에 각각 노벨물리학상을 받은 레나르트와 슈타르크가 주도하는 아인슈타인 비판에 직면한 노벨상위원회는 시상 후에 예상되는 논란을 피하기 위해 광전효과 발견을 시상이유로 정해 발표한 것으로 알려졌다.

11월 17일 일본에 도착한 아인슈타인은 43일간 일본에 체류했다. 그 기간에 아인슈타인은 도쿄에서 두 번과 센다이, 나고야, 교토, 오사카, 고베, 후쿠오카에서 각 한 번 등 모두 8차례의 강연을 했고, 모두 1만 4천 명의 일본인이 그의 강연을 직접 들었다. 당시 조선에서도 조선교육협회라는 지식인 단체가 아인슈타인의 일본 방문을 계기로 조선을 방문하게 하는 방안을 논의했으나 일본의 방해로 뜻을 이루지 못했다는 설도 있다. 일본을 떠난 아인슈타인은 예루살렘과 스페인을 방문한 뒤 독일로 돌아갔다.

아인슈타인은 일본 방문 등으로 이행하지 못하고 미루었던 노벨물리학상 수상 기념강연을 1923년 7월 11일 스웨덴 예테보리에서 했다. 1925년에는 영국 학술원으로부터 당시에 이미 190여 년의 역사를 축적한 과학 분야의 권위 있는 상인 코플리 메달(Copley Medal)을 받았다. 이 해에 인도의 물리학자 사티엔드라 나트 보스(Satyendra Nath Bose)가 자신의 논문과 함께 편지를 아인슈타인에게 보낸 것이 계기가 되어 '보스-아인슈타인 응축'에 관한 이론이 발표됐다. 보스는 그런 응축의 존재를 예측하는 논문을 써서 영국 학술원의 학회지에 제출했으나 게재를 거부당하자 그 논문을 아인슈타인에게 보낸 것이었다. 아인슈타인은 그 논문의 가치를 알아차리고 직접 독일어로 번역해 독일의 물리학 전문지에 게재되도록 도와주었고, 그 내용의 일반화를 위한 연구를 직접 하기도 했다.

1929년에 아인슈타인은 벨기에의 왕가를 방문하고 이 나라의 왕비 엘리자베스와 친교를 나누었다. 이 해에 미국의 천문학자 에드윈 허블(Edwin Powell Hubble)이 우주가 팽창하고 있음을 발견하여 아인슈타인의 우주이론을 뒷받침했다. 아인슈타인은 1917년부터 상대성의 일반이론을 우주 전체의 구조에 적용하여 그 구조를 모형화하기 위한 연구를 했다.

아인슈타인은 가속운동을 하는 물체의 관성력은 우주 전체에 퍼져 있는 다른 물체들의 양과 분포에 의해 결정된다는 마흐의 원리에 관심을 가졌다. 그러나 마흐의 원리에 부합하는 유형의 우주는 자신의 상대성 이론에는 부합하지 않는다는 사실을 곧 알게 됐다. 아인슈타인의 상대성 이론은 팽창하거나 수축하는 동적인 모습의 우주를 예상하게 했는데, 그런 유형의 우주는 '정적인 우주'라는 당시의 지배적인 관념과 충돌했다. 이런 불일치를 해결하기 위해 아인슈타인은 '우주상수'라는 새로운 개념을 도입했다. 양의 우주상수를 도입하면 영구적으로 정적인 구의 모습으로 우주를 모형화할 수 있기 때문이었다. 그런데 허블이 1929년에 우주가 팽창하고 있음을 발견한 것이었다. 아인슈타인은 1930년에 미국 로스앤젤레스 근처의 마운트 윌슨 천문대(Mount Wilson Observatory)를 찾아가 허블을 만났다. 이때 아인슈타인은 우주상수를 도입한 것에 대해 '일생 최대의 실수'라고 말하고 우주상수를 철회했다. 그러나 최근의 우주관측 결과에 따르면 영

(0)이 아닌 우주상수를 설정할 수 있는데, 이런 우주상수는 우주 전체의 물질과 에너지의 상태를 설명해준다고 한다.

아인슈타인이 로스앤젤레스를 방문했을 때 가까이에 있는 할리우드에서 영화감독 겸 배우인 찰리 채플린이 아인슈타인을 초청했다. 채플린은 신작 영화 〈도시의 불빛(City Lights)〉을 홍보하는 행사에 아인슈타인과 함께 등장하고 싶었던 것이다. 행사장에서 군중에 둘러싸였을 때 채플린이 아인슈타인에게 이렇게 말했다. "저 사람들이 나에게 박수를 보내는 것은 모두 다 나를 이해하기 때문이지만, 당신에게 박수를 보내는 것은 당신을 이해하는 사람이 아무도 없기 때문입니다." 아인슈타인이 "그게 무슨 뜻인가요?" 하고 묻자 채플린은 "뭐, 아무 의미도 없는 말입니다"라고 대답했다.

아인슈타인은 1930년에 베를린 교외에 있는 카푸트(Caputh)라는 마을에 별장을 지었다. 이즈음 아인슈타인은 영향력 있는 사상가들과 편지를 주고받기 시작했다. 그 가운데 지그문트 프로이트(Sigmund Freud)가 있었다. 두 사람은 자기 아들에게 정신적인 문제가 있다는 공통점을 갖고 있었다. 두 사람은 전쟁이 인류의 본성에 내재된 것인지에 대해 편지로 의견을 교환했다. 아인슈타인은 인도의 시인이자 사상가인 라빈드라나트 타고르(Rabindranath Tagore)와도 편지를 주고받았다. 두 사람은 의식이 실존에 미치는 영향에 대해 편지로 토론했다. 1930년에 베를린을 방문한 타고르가 아인슈타인과 만났다. 두 사람의 만남을 취재한 한 언론인은 이렇게 썼다. "사색가의 머리를 가진 시인 타고르와 시인의 머리를 가진 사색가 아인슈타인이 함께 있는 모습을 보는 것은 흥미로운 일이었다. 마치 두 개의 행성이 대화를 나누고 있는 것처럼 보였다."

독일을 떠나 미국으로

아인슈타인의 명성이 올라가고 그의 이론이 큰 성공을 거두게 된 것이 독일 안에서 반발을 불러일으켰다. 나치는 아인슈타인의 이론에 '유대 물리학'이라는 이름을 붙였고, 아인슈타인과 그의 이론을 비방하는 회의를 후원하고 그의 책을 불태우는 행사를 지원했다. 이 때문에 노벨상위원회도 1922년에 아인슈타인을 물리학상 수상자로 선정하는 과정에서 나치 쪽의 반응에 신경 써야 했다. 1931년에는 《아인슈타인에 반대하는 저자 100명 (One Hundred Authors Against Einstein)》이라는 표제의 책이 출판됐다. 이 책을 통해 100명이나 되는 과학자들이 상대성의 이론을 비방한 것에 대해 논평을 해달라는 부탁을 받은 아인슈타인은 이렇게 답변했다. "상대성의 이론을 물리치기 위해 필요한 것은 과학자 100명의 말이 아니라 오직 단 하나의 사실일 겁니다."

1930년과 1933년 사이에 아인슈타인은 세 차례 미국을 방문했다. 주로 독일계 미국인들의 민족적 문화유산 보존을 위해 활동하는 비영리 기금인 '오버랜더 트러스트'의 경비지원으로 이루어진 일이었다. 아인슈타인은 그 기간 중 1년에 7개월 동안은 독일에 있고 겨울학기에 미국으로 건너가 5개월 정도 체류한 뒤 귀국하기로 일정을 잡았다. 1932년까지만 해도 아인슈타인은 이런 일정을 지키면서 베를린 대학 교수와 캘리포니아 공과대학 교수를 겸직할 작정이었다.

그러나 독일에서 1932년 7월에 나치가 선거에서 최다 득표를 한 데 이어 1933년 1월에 히틀러가 총리가 되는 정치적 변화가 일어남에 따라 아인슈타인의 계획에 차질이 생겼다. 나치가 유대인을 박해하는 독일에서는 유대인인 아인슈타인이 학문활동에 지장을 받을 것이 뻔했을 뿐 아니라 생명의 위협까지 느껴야 했기 때문이었다. 실제로 나치는 유대인은 대학교수를 포함해 그 어떤 공적인 직책도 맡지 못하게 하는 법을 제정했고, 아인슈타인의 별장을 강제로 수색하기도 했다. 한 나치 조직이 발행한 잡지는 표지에 아인슈타인의 사진과 함께 '아직 교수형에 처해지지 않은 인물'이라는 표제를 실었다. 나치는 아인슈타인을 암살대상자 명단에 올리면서 현상금까지 건 셈이었다.

아인슈타인은 세 번째 미국 방문 기간에 독일로 돌아가기를 포기해야 했다. 아인슈타인은 1933년에 미국을 떠나 유럽으로는 건너갔지만 독일로 귀국하지 않고 대신 벨기에로 갔다. 아인슈타인은 벨기에 왕비의 도움을 받아 이 나라의 항구마을 데한(De Haan, 프랑스어 이름은 르코크쉬르메르(Le Coq-sur-Mer))에서 기거했다. 그러나 이 마을은 독일과의 국경에 가깝기 때문에 나치의 손길이 미칠 수 있음을 우려하지 않을 수 없었다. 아인슈타인은 몇 달 뒤에 데한을 떠나 영국과 스위스를 거쳐 다시 영국으로 건너가 그곳에서 시간을 보냈다.

그러다가 결국 아인슈타인은 독일을 완전히 떠나기로 결심하고 미국 뉴저지 주에 있는 프린스턴 고등학술연구소(Institute for Advanced Study at Princeton, New Jersey)의 초빙을 받아들여 1935년부터 이 연구소에 재직하게 된다. 이즈음 그 말고도 독일의 많은 과학자들이 미국으로 망명했다. 프린스턴 고등학술연구소는 설립된 지 얼마 안 된 연구소였으나 아인슈타인이 정착한 뒤로는 전 세계에서 물리학자들이 찾아오는 바람에 마치 물리학계의 메카와 같은 곳이 됐다. 당시 한 신문은 "물리학의 교황이 독일을 떠났으며, 프린스턴이 물리학의 바티칸이 됐다"고 보도하기도 했다.

그러나 이미 1920년대부터 아인슈타인은 물리학계에서 일종의 고립상태에 빠지기 시작했다. 그 이유는 원자와 분자의 비밀을 파헤치는 데서 양자이론이 큰 발전을 이룬 데 있었다. 당시의 물리학계를 전체적으로 보면 상대성의 이론이 아닌 양자이론에 연구가 집중되고 있었다. 이에 따라 아인슈타인은 양자이론 진영의 과학자들과 논쟁을 벌여야 했다. 아인슈타인은 특히 '보어 원자모형'의 창시자인 닐스 보어(Niels Bohr)와 일련의 토론을 벌였다. 그 과정에서 아인슈타인은 정교한 사고실험(thought experiment)을 통해 양자이론에 내재한 논리적 모순, 특히 그것이 '결정론적 메커니즘'을 결여하고 있는 점을 공격했다. 이와 관련해 아인슈타인은 "신은 우주와 주사위 놀이를 하지 않는다"고 말하곤 했다.

양자이론에 대한 아인슈타인의 공격 가운데 가장 유명한 것은 1935년에 보리스 포돌스키(Boris Podolsky), 네이선 로젠(Nathan Rosen)과 함께 발표한 '아인슈타인-포돌스키-로젠 패러독스'다. 양자이론에 따르면 예컨대 특정한 상황에서는 서로 매우 먼 거리에 있는 두 개의 전자가 서로 연관성 있는 성질을 갖게 될 것이다. 이런 상황에서는 어느 한 전자의 성질이 측정되면 다른 한 전자의 상태도 즉각적으로, 다시 말해 빛의 속도보다 더 빠른 속도로 알려질 것이다. 이런 결론은 상대성의 원리를 위반하는 것이 틀림없다고 아인슈타인은 주장했다. 그러나 그 뒤로 실행된 실험은 양자이론이 실제 현상에 부합함을 거듭 확인했다. 아인슈타인은 양자이론으로 자연현상을 설명하다보면 논리적 모순에 빠지게 됨을 강조했으나 물리학계에서 양자이론의 인기는 점점 더 높아졌다.

아인슈타인이 다른 물리학자들로부터 점점 더 멀어지게 된 또 하나의 이유는 그가 1925년께부터 통일장 이론에 대한 탐구에 사로잡히게 된 데 있었다. 그가 추구한 통일장 이론은 우주의 모든 힘을 통합적으로 설명해주고 그렇게 함으로써 물리학의 법칙들을 단 하나의 틀 안에 집어넣을 수 있게 해주는 포괄적인 이론이었다. 아인슈타인은 점점 더 자기 안으로 침

잠했다. 멀리 여행하는 일이 드물어졌고, 가까운 동료들과 프린스턴 대학 주위를 산책하면서 정치, 종교, 물리학, 통일장 이론에 관한 깊은 대화를 나누기를 즐겼다.

1935년에 아인슈타인은 미국에서 영주권을 신청하여 취득했고, 이어 미국 국적도 신청했다. 1936년에는 로젠과 함께 '아인슈타인-로젠 다리(Einstein-Rosen Bridge)'로 불리는 웜홀(wormhole)에 관한 이론을 발표했다.

1930년대는 아인슈타인에게 개인적으로 힘든 시기였다. 1930년에 아인슈타인의 스무 살 된 둘째 아들 에두아르트가 정신분열증 진단을 받았다. 1933년에는 아인슈타인의 가까운 친구이자 물리학자로 상대성의 일반이론 개발에 도움을 준 파울 에렌페스트가 자살했다. 1936년에는 아인슈타인의 두 번째 아내인 엘자가 심장과 콩팥의 질병으로 인해 사망했다.

원자폭탄 개발의 충격

게다가 1930년대 후반에는 물리학자들이 아인슈타인의 공식 $E=mc^2$이 원자폭탄 제조를 가능하게 하는지의 여부를 심각하게 검토하기 시작했다. 아인슈타인도 1920년대 초에 이미 그런 가능성을 검토한 바 있으나 가능성이 없다고 보고 더 이상 검토하지 않았다. 다만 원자의 힘을 증폭시키는 방법이 발견될 가능성은 배제하지 않았다. 그런데 1938~39년에 독일의 화학자인 오토 한(Otto Hahn)과 프리츠 슈트라스만(Fritz Strassmann), 오스트리아계 스웨덴 물리학자인 리제 마이트너(Lise Meitner), 오스트리아 출신의 영국 물리학자인 오토 프리시(Otto Frisch) 등이 우라늄 원자의 분열에 의해 막대한 양의 에너지가 방출될 수 있음을 증명했다. 이런 소식은 전 세계 물리학계에 큰 충격을 주었다.

1939년에 물리학자 레오 실라르드(Leó Szilárd)를 비롯해 미국으로 망명해 있던 헝가리 출신 과학자들이 나치의 원자탄 개발 작업에 대해 미국 정부에 경각심을 불러일으키고자 했다. 미국 정부는 이들 과학자 집단의 경고를 귀담아듣지 않고 무시했다. 그러나 이들은 독일의 과학자들이 원자탄 개발 경쟁에서 이길 가능성이 높고, 원자탄이 개발되기만 하면 히틀러가 그것을 얼마든지 무기로 이용할 것이라고 확신했다. 2차 세계대전이 시작되기 몇 달 전인 1939년 7월에 실라르드는 당시 미국 대통령인 프랭클린 루스벨트에게 편지를 보내기로 하고 그 편지에 아인슈타인의 권위를 얹기 위해 그에게 서명을 해달라고 설득했다. 아인슈타인은 편지의 내용을 여러 차례 검토한 뒤에 서명했다. 편지의 발신인은 아인슈타인의 명의로 돼 있었으나 그 주요 내용은 실라르드가 작성한 것이었다. 이 편지의 전문은 다음과 같다.

저에게 원고 상태로 전달된 페르미(E. Fermi)와 실라르드의 몇몇 최근 저작은 저로 하여금 우라늄 원소가 가까운 장래에 새로이 중요한 에너지원이 될 수 있다고 예상하게 합니다. 지금까지 형성된 상황의 어떤 측면들은 예의주시할 것을 요구하고 있고, 필요하다면 미국 행정부가 신속히 행동에 나설 것을 요구하고 있는 것으로 여겨집니다. 그래서 저는 다음과 같은 사실과 권고들에 대해 당신이 주목하게 하는 것이 나의 의무라고 믿습니다.

최근 4개월 사이에 미국의 페르미와 실라르드 뿐만 아니라 프랑스의 졸리오(Joliot, 졸리오-퀴리)가 수행한 연구에 의해서도 우라늄 속의 핵연쇄반응을 대량으로 일으키는 것이 가능해졌을 수 있습니다. 이 핵연쇄반응에서는 거대한 크기의 힘과 막대한 양의 새로운 라듐 비슷한 원소가 생겨납니다. 현재 이런 일이 머지않아 달성될 수 있으리라는 것이 거의 확실해 보입니다.

이 새로운 현상은 폭탄의 제조로도 이어질 것이며, 이보다 확실함이 훨씬 덜하기는 하지만 새로운 유형의 지극히 강력한 폭탄이 그렇게 제조될 수 있으리라고 생각할 수도 있습니다. 이런 유형의 폭탄은 단 하나만 배에 싣고 항구에 가서 폭발시키면 그 항구 전체는 물론이고 주위 지역의 일부까지 파괴할 가능성이 충분히 있습니다. 다만 그러한 폭탄은 워낙 무거워서 공중으로 수송할 수는 없다고 입증될 가능성이 있습니다.

미국은 저질의 우라늄 원석을 매우 미미한 양으로만 가지고 있습니다. 양질의 우라늄 원석 중 일부는 캐나다와 옛 체코슬로바키아에 있고, 가장 중요한 우라늄 산지는 벨기에령 콩고입니다.

이런 상황을 고려한다면 당신은 미국 행정부와 미국에서 연쇄반응에 대해 연구하는 물리학자들의 집단 사이에 보다 영속적인 접촉이 유지되게 하는 것이 바람직하다고 생각하게 될 수 있습니다. 이것을 달성할 수 있는 한 가지 방법은 당신에게 신뢰받는 동시에 아마도 비공식적인 자격으로 봉사할 수 있는 어느 한 사람에게 이 일을 맡기는 것일 수 있습니다. 그 사람의 과업은 다음과 같은 것들로 이루어질 수 있다고 봅니다.

a) 미국에 우라늄 원석의 공급을 확보하는 문제에 각별히 주목하는 가운데 정부 부서들에 접근하여 그들이 추후에 진전되는 상황을 숙지하게 하고, 정부가 취해야 할 조치에 관한 권고안을 제출하는 일.

b) 현재 대학 실험실 예산의 한계 안에서 수행되고 있는 실험적 연구를 가속시키는 일. 이 일을 하는 데 자금이 필요하다면 그 사람이 이 대의에 기꺼이 기여하고자 하는 민간의 인사들을 접촉하여 자금을 지원받을 수 있게 하고, 어쩌면 필요한 장비를 가지고 있는 산업계 실험실의 협력을 얻어야 할 수도 있습니다.

독일은 자국이 점령한 체코슬로바키아 지역의 광산에서 우라늄의 판매를 실제로 정지시켰다고 저는 알고 있습니다. 독일이 그렇게 일찍 이런 조치를 취한 것은 아마도 독일 국무차관의 아들인 폰 바이제커(Carl Friedrich von Weizsäcker)가 현재 우라늄에 대한 미국의 연구 가운데 일부를 뒤따라 진행하고 있는 베를린의 카이저 빌헬름 연구소에 소속돼 있다는 사실을 배경으로 하여 이해돼야 할 것입니다.

이에 대해 루스벨트는 다음과 같은 답장을 아인슈타인에게 보내왔다.

최근에 당신이 저한테 보내신 편지와 매우 흥미롭고 중요한 동봉 서류들에 대해 감사를 드리고 싶습니다.
저는 그 자료가 매우 중요한 의미를 가지고 있다고 생각하여 육군과 해군에서 선임된 대표와 표준국 국장으로 구성된 위원회를 소집해서 우라늄 원소에 대해 당신이 알려주신 것들의 가능성을 철저히 조사해보도록 했습니다.
작스 박사(Dr. Sachs)가 이 위원회와 협력하여 일하게 됐음을 알려드리며, 저로서는 이렇게 하는 것이 그 주제를 다루는 데 가장 현실적이고 효과적인 방법이라고 생각합니다.
저의 진정한 감사를 받아주시기 바랍니다.

아인슈타인 명의의 편지는 실라르드가 접촉한 프랭클린 루스벨트 대통령의 경제보좌역이자 금융인인 알렉산더 작스(Alexander Sachs)를 통해 1939년 10월 11일 루스벨트에게 전달됐다. 루스벨트가 아인슈타인에게 보낸 답장에서 밝힌 대로 그는 우라늄 위원회(Uranium Committee)를 설치하여 실라르드와 아인슈타인의 제안을 검토하게 했다. 그 결과로 미국 정부는 흑연감속 천연우라늄 원자로에 관한 연구에 재정적 지원을 하기로 결정했다.

미국 정부는 처음에는 기술적 불확실성을 이유로 원자폭탄 개발을 유보했다. 그러나 2년 가까이 지난 1941년 가을부터 미국에서 '맨해튼 계획'이라는 이름 아래 원자폭탄 개발 작업이 시작됐다. 이렇게 된 데는 이 해 여름에 원자폭탄의 개발과 제조의 기술적 가능성에 대한 영국 과학자들의 검토 결과가 미국 정부에 전달된 것이 아인슈타인의 편지에 이어 또 하나의 중요한 계기로 작용했기 때문이었던 것으로 알려져 있다.

이에 앞서 1939년 9월 독일군의 폴란드 침공을 계기로 2차 세계대전이 시작됐다. 이듬해인 1940년에 아인슈타인은 미국 국적을 신청한 지 5년 만에 취득했다. 이로써 아인슈타인은 기존의 스위스 국적과 함께 이중국적 보유자가 됐다. 2차 세계대전 중에 미국 정부는 뉴멕시코 주의 로스앨러모스 연구소를 중심으로 맨해튼 프로젝트에 따른 원자폭탄 개발을 본격화했다. 이때 수많은 과학자들이 이 연구소에 초빙됐으나 아인슈타인은 초빙 대상에서 배제됐다. 훗날 비밀에서 해제된 미국 연방수사국(FBI)의 문서가 그 이유가 무엇이었는지를 알게 해주었다.

미국 정부는 반전 평화주의, 사회주의, 시온주의를 지지하는 아인슈타인의 사상과 정치적 입장을 경계했던 것이다. 그런 사상적 입장을 가진 아인슈타인을 맨해튼 계획에 끌어들였다가는 자칫 그로 인해 기밀유지에 문제가 생길 수도 있다고 미국 정부는 우려했다. 심지어 에드거 후버(Edgar Hoover) FBI 국장은 외국인 배척에 관한 법률을 근거로 아인슈타인에게서 미국 거주권을 박탈해야 한다고 건의하기도 했으나, 이에 대해서는 국무부가 반대했다. 그 대신 미국 정부는 아인슈타인에게 미래의 무기 시스템 설계에 대한 미국 해군의 평가작업을 도와줄 것을 요청했다. 이에 따라 아인

슈타인은 1943년에 미국 해군부의 병기국 고문으로 취임하여 어뢰의 기폭
장치를 개선하는 일 등을 도왔다. 아인슈타인은 자신의 논문 원고를 경매
에 붙여 번 돈을 기부하는 방식으로 미국의 전비조달 노력을 지원하기도
했다.

　1945년 8월에 미국이 일본의 히로시마와 나가사키에 원자폭탄을 투하
했다는 소식이 아인슈타인에게 충격을 주었다. 아인슈타인은 휴가 중에
이 소식을 들었다. 곧바로 일본이 항복하여 2차 세계대전은 종식됐다. 그
러나 아인슈타인은 "우리가 전쟁에는 승리했지만 평화까지 쟁취했다고 말
할 수는 없다"고 말했다.

　당시에도 그랬지만 오늘날에도 '아인슈타인이 원자폭탄의 이론을 수립
했다' 거나 '아인슈타인이 원자폭탄을 개발했다' 고 생각하는 사람들이 적
지 않다. 그러나 이것은 사실과 다른 오해다. 아인슈타인이 제시한 질량과
에너지의 관계식 $E=mc^2$은 모든 물질에 대해 성립하는 것이지 핵물질이나
원자력에만 적용되는 것이 아니다. 또한 아인슈타인은 원자폭탄이 개발되
는 과정에 관여한 바가 전혀 없을 뿐만 아니라 오히려 원자폭탄과 수소폭
탄의 개발과 제조, 그리고 그 군사적 이용에 대해 일관되게 반대했다.

2차 대전 이후의 활동

2차 세계대전이 끝난 뒤에도 아인슈타인은 원자폭탄을 통제하기 위한 국
제적 노력을 주도했다. 1946년에 아인슈타인은 실라르드를 비롯한 몇몇
과학자들과 함께 '원자과학자 긴급위원회(ECAS; Emergency Committee of
Atomic Scientists)'를 설립하고 그 의장을 맡았다. 이 위원회는 핵무기 개발

과 관련된 위험을 경고하고 핵에너지의 평화적 이용을 촉구하는 것과 궁극적으로는 핵무기가 다시 사용되지 않도록 세계평화를 실현하기 위한 노력을 기울이는 것을 활동목표로 삼았다. 아인슈타인은 이 위원회를 통해 수소폭탄 개발에 반대하는 운동도 벌였다. 이 위원회는 1950년까지 4년간 존속했다.

1948년 5월에 하임 바이츠만을 임시대통령, 다비드 벤구리온(David Ben-Gurion)을 총리로 하여 이스라엘공화국이 건국됐다. 이 해 8월에 이스라엘의 지하 테러조직 지도자 출신 정치인인 메나헴 베긴(Menachem Begin)이 미국을 방문했다. 이때 아인슈타인은 한나 아렌트를 비롯한 다른 유대계 지식인들과 함께 베긴과 그의 정당인 헤루트당을 파시스트 집단으로 규정하고 비난하는 편지 글을 연명으로 작성하여 〈뉴욕 타임스〉에 기고했다. 이 글에서 유대계 지식인들은 베긴과 헤루트당이 이스라엘 건국 직전에 데이르야신 지역에서 100여 명의 아랍인을 학살한 사건을 문제 삼았다. 이즈음 아인슈타인은 복부 대동맥에 커다란 동맥류가 생겼다는 진단을 받았다.

1949년 5월에 아인슈타인은 미국의 독립적 좌파 매체인 〈먼슬리 리뷰(Monthly Review)〉의 창간호에 게재된 '왜 사회주의인가?'라는 제목의 짧은 글을 통해 사회주의를 지지하는 자신의 정치적 입장을 압축적으로 밝혔다. 미국에서 매카시즘이 횡행하던 당시의 상황에서 자본주의를 비판하고 사회주의를 지지한 아인슈타인의 이 글은 상당한 반향을 불러일으켰다. 이 글에서 가장 핵심적인 부분을 인용하면 다음과 같다.

(자본주의의) 이런 심각한 해악을 제거하는 길은 오직 하나뿐이라고 나는 확신한다. 그 길은 사회적인 목표를 지향하는 교육제도를 갖춘 사회주의 경제를 수

립하는 것이다. 그런 경제에서는 생산수단이 사회 자체에 의해 소유되고 계획적인 방식으로 이용된다. 계획적인 경제는 사회 공동체가 필요로 하는 바에 맞춰 생산을 조정한다. 그런 경제는 수행돼야 할 일을 일할 능력이 있는 모든 사람에게 배분할 것이고, 모든 남자와 여자, 아이들에게 생계를 보장할 것이다. 개인에 대한 교육은 개인의 타고난 능력을 촉진하고, 이에 더해 지금 우리 사회에서처럼 권력과 성공을 찬양하는 태도 대신에 동료 인간들에 대한 책임감을 개인의 내면에 심어주고 계발하려고 할 것이다.

1949년에 이스라엘의 초대 대통령으로 정식 추대된 바이츠만이 1952년에 사망한 직후에 벤구리온 총리가 아인슈타인에게 이스라엘의 2대 대통령으로 추대하려고 하니 허락해달라고 요청했다. 이에 대해 아인슈타인은 "나는 평생 객관적인 물질을 다루어왔고, 그래서 사람들을 다루고 공적인 일을 하는 데는 타고난 적성도 없지만 경험도 갖고 있지 않다"면서 사양했다.

1950년에 아인슈타인은 자신의 통일장 이론에 관한 논문을 한 편 써서 〈사이언티픽 아메리칸(Scientific American)〉에 발표했다. 그러나 이 논문은 아직 규명되지 않은 '강력(Strong Force, 강한 핵력)'을 무시했기 때문에 불완전한 것에 그칠 수밖에 없었다. 그의 통일장 이론은 5년 뒤에 그가 사망할 때에도 여전히 미완성 상태로 남아 있게 된다. 어떤 의미에서 아인슈타인은 시대를 너무 앞서 나간 것일지도 모른다. 통일장 이론에서 중요하게 취급돼야 하는 강력은 아인슈타인의 생전에는 물리학계에서 아직 규명되지 않은 힘이었다. 1970~80년대에야 물리학자들이 비로소 쿼크(Quark) 모형을 가지고 강력의 비밀을 파헤치기 시작했다.

"나는 내 몫을 다했다"

1955년 4월 11일에 아인슈타인은 '러셀-아인슈타인 선언'에 서명했다. 석 달 뒤인 7월 9일에 영국 런던에서 정식으로 발표된 이 선언은 세계적으로 냉전의 분위기가 한껏 고조된 상황에서 핵무기의 위험성을 경고하면서 과학기술을 평화적으로 이용하고 국제적 갈등에 대한 평화적 해결책을 모색할 것을 전 세계 정치지도자들에게 촉구하는 내용으로 작성됐다. 이 선언에는 아인슈타인과 영국의 철학자 버트런드 러셀(Bertrand Russell)을 포함한 10명의 노벨상 수상자 등 당대의 대표적 지식인 11명이 서명했다. 이 선언은 핵무기 폐기와 세계평화 실현을 위한 국제단체인 '과학과 세계문제에 관한 퍼그워시 회의'의 모태가 된다.

아인슈타인은 러셀-아인슈타인 선언에 서명한 지 일주일 뒤에 사망하여 이 선언이 발표될 때에는 자리를 같이 하지 못했다. 아인슈타인은 4월 13일에 건국 7주년을 맞은 이스라엘의 정부와 국민에게 보내는 라디오 연설에 관해 방송 관계자와 상의한 직후에 심장 부근에서 일어난 통증으로 쓰러졌다. 복부 동맥류가 파열된 것이었다. 아인슈타인은 이틀 뒤인 15일 프린스턴 병원에 입원했다. 주위에서 수술을 받을 것을 권했지만 그는 거부했다. 이때 아인슈타인은 이렇게 말했다. "나는 가고 싶을 때 가고 싶다. 삶을 인위적으로 늘리는 것은 멋쩍은 일이다. 나는 내 몫을 다 했고, 이제는 가야 할 때다. 나는 품위 있게 그렇게 하고 싶다."

입원 중에 아인슈타인은 부랴부랴 달려온 장남 한스와 면회했고, 병원에서도 연구를 계속할 작정으로 비서에게 전화를 걸어 필기도구 등을 갖다 달라고 부탁하기도 했다. 그러나 입원한 지 불과 사흘 뒤인 4월 18일 오전 1시가 조금 지난 시간에 아인슈타인은 76살로 생애를 마감했다. 그는 한

달 앞으로 다가온 이스라엘 건국 7주년 기념일에 텔레비전 방송에 출연하기 위해 쓴 연설문 초안을 가지고 병원에 입원했으나 이것도 완성하지 못하고 사망했다. 아인슈타인은 사망하기 직전에 독일어로 최후의 말을 남겼지만 그때 그 자리에 있었던 간호사가 독일어를 알아듣지 못해 그 최후의 말이 어떤 내용이었는지는 누구도 알 수 없게 됐다고 한다. 아인슈타인의 주검은 화장됐고, 유해는 알려지지 않은 모처에 뿌려졌다. 검시 과정에서 프린스턴 병원의 병리학자인 토머스 하비(Thomas Stoltz Harvey)가 가족의 동의도 얻지 않고 아인슈타인의 두뇌를 떼어내어 따로 보관했다. 그가 이렇게 한 것은 아인슈타인을 천재로 만든 것이 무엇인지를 미래의 신경과학이 밝혀내기를 바라서였다고 한다.

아인슈타인이 남긴 연구업적은 그가 죽은 지 오랜 세월이 지난 지금까지도 후배 물리학자들에게 영감과 연구의욕의 원천이 되고 있다. 이에 따라 1993년에는 아인슈타인이 예측한 중력파를 발견한 두 물리학자 조지프 테일러와 러셀 헐스에게 노벨 물리학상이 수여됐다. 2001년에는 보스-아인슈타인 응축물을 극저온 조건에서 발견한 세 학자 에릭 코넬, 볼프강 케털리, 칼 와이먼에게 노벨 물리학상이 수여됐다. 우주의 블랙홀은 지금까지 수천 개가 발견됐다. 발전된 기술로 만들어진 인공위성들이 아인슈타인의 우주이론을 검증하고 있다. 뿐만 아니라 다수의 뛰어난 물리학자들이 '모든 것의 이론'으로 불리는 통일장 이론의 수립이라는 아인슈타인의 생전 꿈을 실현하기 위해 노력하고 있다. (옮긴이 이주명 씀)